U0311078

The 119
Greatest Events
in the History
of Man's Exploration
of Ocean

人类阔步走向海洋的119个伟大瞬间

路甬祥 主编

王小波 曾江宁 杨义菊 编著

全国优秀出版社
浙江少年儿童出版社
· 杭州 ·

目录

CONTENTS

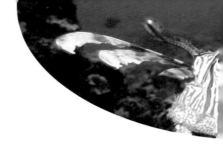

后记

前言

主　编：路甬祥

原中国科学院院长

中国科学院院士

中国工程院院士

第十届、十一届全国人大常委会副委员长

　　浙江少年儿童出版社着力打造的"119系列"少儿科普图书，前后已有20年。由于有趣和有益，这套书已成为全国很多中小学校和各地全民阅读优选的品牌科普读物。继《科学改变人类生活的119个伟大瞬间》《人类昂首奔赴太空的119个伟大瞬间》之后，该社今年又推出《人类阔步走向海洋的119个伟大瞬间》，将孩子们带入浩瀚无垠、瑰丽奇伟、充满奥秘的海洋世界，激发他们探索海洋的热情和兴趣。作为一名老科技工作者，我对此感到十分欣慰。

　　海洋是生命的源泉、风雨的故乡、资源的宝库，也是经济的动脉、公共和国家安全的重要阵地。早在战国末，中国哲学家韩非子就说："故大人寄形于天地而万物备，历心于山海而国家富。"世界上的发达国家大多是海洋强国，因为海洋兴则民族兴，海洋强则国家强。在知识网络化和全球化的今天，海洋的战略地位更为重要——海洋是经济全球化的重要物质基础，也是全球贸易与产业合作的重要通道，世界贸易的90%通过海洋实现；随着海洋开发技术水平的提高，世界经济越来越依赖海洋资源和能源，经济贸易、海洋安全与权益的竞争和合作愈加广泛深刻。人类正在进入加强开放合作、依靠知识与技术创新，科学认知保护、可持续开发利用海洋的新时期。管理好、利用好海洋，造福全人类，是世界各国的共同利益与责任。

我国是海洋大国，海域辽阔，海岛众多，海洋资源丰富多彩。从原始社会开始，沿海地区就有我们的祖先集聚生活。古老的海上丝绸之路自秦汉时期开通以来，一直是沟通东西方经济文化的重要桥梁。明朝郑和七下西洋，留下了对外友好交往的历史佳话。由于明清海禁、闭关锁国，政治腐败、积贫积弱，我国饱受列强欺凌的近代史也正是从海洋开始的。新中国建立后，尤其是改革开放以来，我国海洋科技与海洋渔业、航运、造船、海洋油气等产业快速发展。中国航母、中华神盾、远洋补给舰等入列成军，海洋卫星、蛟龙深潜、极地研究等在我国海洋科学史上写下光辉的篇章。中国已经成为举世瞩目的海洋大国，但还不是海洋强国。历史的经验教训告诉我们：要实现中华民族伟大复兴的中国梦，必须确立海洋强国战略，建设海洋强国。

海洋强国，必须拥有发达的海洋经济、先进的海洋科技、强大的海军与海防、科学高效的海洋管理能力、完备的海洋法制、健康的海洋生态系统、可持续发展的海洋资源环境、高度自觉的先进海洋意识和独具特色的海洋文化软实力。党的十八大为此做出建设海洋强国的重大部署，以习近平为核心的党中央提出的"一带一路"倡议，则是实现中华民族伟大复兴的中国梦、走向世界强国的必由之路。而在关注海洋、认识海洋、经略海洋，推动海洋强国的建设中，要树立"创新、协调、绿色、开放、共享"的发展新理念，更要增强全民族的海洋意识。这里的海洋意识，包括海洋利用意识、海洋保护意识、海洋权益意识、海洋合作意识。增强全民族的海洋意识，必须脚踏实地，从基础做起，从青少年做起，立足当下，放眼长远，通过多种多样生动活泼、引人入胜的形式，强化海洋教育的启迪和引导作用，使海洋强国意识深入人心。特别是要让广大青少年学生从小认识到海洋强国的重要意义，关注海洋，认识海洋，立志为建设海洋强国而不懈努力。

由国家海洋局第二海洋研究所三位海洋科学家编著的《人类阔步走向海洋的119个伟大瞬间》，就是一本很好的倡导海洋探索精神、传播海洋科学知识、增强全民海洋意识的少儿科普读物。编著者既是海洋领域的专家，也是科普作家，有的还是中国科协特聘的全国海洋学首席科学传播专家。全书展现了人类从古至今探索海洋、认识海洋、研究海洋、开发利用海洋过程中的重大事件和重要人物，以及面对艰难险阻，一往无前的科学探索精神，而且突出展现了20世纪以来的海洋发现和重大科技成就，包括中国人在世界海洋领域做出的杰出贡献。值得称道的是，本书举重若轻，注意将科学性、知识性、趣味性的描述与精选的图片融为一体，通俗易懂地帮助广大读者特别是少年儿童形象直观地了解海洋科学发展的轨迹，以及海洋在人类生产生活和人类社会文明进步中产生的重大影响。

21世纪是海洋的世纪，海洋承载着人类的未来与希望。海洋也是永远探索不尽的宝库，需要人类一代又一代做出不懈的努力。"芳林新叶催陈叶，流水前波让后波。"希望热爱科学的少年儿童们，进一步关心海洋，深入认识海洋，增强海洋意识，探索海洋奥秘，积极投身伟大的海洋科技事业。

谨以此为序。

独木舟：
人类探索海洋的开端
（约前6000）

　　独木舟，是人类文明史上最早出现的小船。浙江萧山跨湖桥遗址发现的"中华第一舟"告诉我们，早在约公元前6000年，我们的祖先就已开始了探究海洋的活动。它不仅是人类走向海洋的第一步，而且是后来开发利用海洋的基础。

　　人类文明史上，最早出现的小船就是独木舟。中国古籍《周易·系辞》中记载的"刳木为舟，剡木为楫"，说的就是制造独木舟和船桨。

　　今天的浙江萧山湘湖上，曾经有座跨湖桥，在这里发现了一处有着丰富文化内涵的新石器时代早期遗址。跨湖桥遗址非常重要的发现之一，便是一艘有近8000年历史的独木舟，号称"中华第一舟"。

　　经过1990年、2001年和2002年三次考古发掘，跨湖桥遗址出土了大量史前文物，将浙江

　　⬆ 如今，跨湖桥独木舟已成为湘湖旅游的典型标志。

的文明史向前推了 1000 年。特别是 2002 年 11 月发现的独木舟，经北京大学考古文博学院、中国社会科学院考古研究所的碳 14 年代测定，该独木舟距今近 8000 年，属新石器时代中期，是迄今世界上发现的最早的独木舟，因而遗址当年即被评为"2001 年度全国十大考古新发现"。2006 年 5 月，跨湖桥遗址被国务院确定并公布为全国重点文物保护单位。

在此独木舟的内面发现多处黑炭面，并能找到多处火焦的痕迹，由此可见跨湖桥人是通过火烧的方法挖凿船体的。另外，船体内外面均光滑平整，没有发现制作工具的痕迹，侧舷上端亦磨成圆角，由此可以推知这是一艘使用过的旧船。

这艘跨湖桥独木舟究竟适用于什么水环境——是江河，是大湖，还是适合在大海中航行？考古专家认为这艘独木舟的船头起势十分平缓，横截面呈半圆，船底不厚，船舱偏浅，"大概只能在海岸边使用"。这一推论比较符合跨湖桥遗址就在当时海湾边的实际情况，但也不排除这艘独木舟还有出入近海的可能。

正常情况下，独木舟所用的材料是粗大的树干，直径一般都在

1 米以上；其长度一般超过 5 米，有的甚至长达 20 米。由于独木舟是用单根木头制成的，严整无缝，不会漏水，结构坚实，不会松散，而且加工简单容易，因此即使在木板船发展起来后，独木舟仍然存在。现在我国西南地区的一些地方，独木舟还被当地人用作渡河的工具。

↑ 这是一艘残存的独木舟，一端被砖瓦厂取土挖失，另一端则保存基本完整。经测量，独木舟残长为 5.6 米，保存 1 米左右宽的侧舷，船头宽 29 厘米，船体宽度增至 52 厘米，最大深度为 15 厘米。它是用整棵马尾松加工而成的。

2002 年考古人员曾在江苏苏州发掘出 5000 年前的良渚古船，把中国的造船史上溯了 2000 多年；2002 年 11 月跨湖桥独木舟的发现，充分证明了中国大陆东南沿海是世界上发明、使用独木舟最早的地区之一，对研究人类航海交通史具有重要价值。

考古学家认为，在距今 1 万～ 2 万年之前的新旧石器交替时期，中华民族的祖先很可能就会制作独木舟了。

自从有了独木舟，人类就开始在水面上取得航行活动的自由。尽管这样的独木舟十分简陋，但正是倚仗着它们，我们的祖先开始到较深和较阔的水面上，去进行捕捞、交通与迁徙活动了。从此，中国古代航海史拉开了"蒙昧航海"时期的帷幕。

规模最大的蓬特之行：
海洋探险史上的早期里程碑
（前2500）

蓬特国，历史上一直是未解之谜，却对古埃及人具有神秘的魅力，被称为南方的"诸神之国"。4000多年前古埃及人对蓬特国的航海探险，是人类具有征服海洋的勇气和能力的体现，在当时是了不起的壮举。他们的探索精神，给后来的海洋探险者作出了榜样。

迄今为止，有据可查的最早一艘风帆船，是公元前3100年由埃及人制造的。有历史学家推断，埃及人发明风帆的年代应当在公元前6000年左右。这就是说，早在8000年前，古埃及人就已驾驶着他们独特的风帆船，进出尼罗河，远航红海南部了。

古埃及被认为是人类文明的最早诞生地之一。不过，古王国时代（约前27—前22世纪）的埃及人却宣称，他们来自"蓬特之地"，意思是"上帝之地"。埃及很多神庙的碑文中，

⬆ 图为哈特舍普苏，古埃及第十八王朝女王（约前1503—约前1482）。

都提到蓬特这个地名。其中一块石碑记录了埃及人崇拜的阿蒙神的语录："把我的脸转向太阳升起的地方，我将给你展示一个奇迹，我制造出蓬特之地给你，那里有芬芳的花朵，祝福你的和平。"

早在公元前 2500 年，古埃及人对蓬特的航海探险及贸易活动就开始了。最早留下记录的是公元前 2500 年，斯尼弗鲁王派出的船队到达蓬特，除了带回乳香、没药、琥珀、金和黑檀木外，还带回侏儒，将其安排在宗教仪式上或宫廷宴会时跳舞。

▲谜一般失落的国度——蓬特。

后来，一个名叫赫努的朝廷官员对蓬特进行了一次或更多次的航海探险。但在公元前 2007 年赫努船队探险之后，埃及与蓬特的贸易联系便中断了几百年，以至于后来的埃及人不得不重新进行航海探险，南下寻找他们梦想中的天国、古代的富庶之地——蓬特。

这次著名的航海探险，是在公元前 1500 年前后古埃及女王哈特舍普苏时期进行的，是古埃及对蓬特国历次探险中规模最大的一次，也是记载最详细的一次。女王在埃及底比斯西岸的神庙保存了一份当时的航行报告，于是这次探险在后世广为流传。

航行报告这样描述：船上装满

TIPS

在尼罗河和红海之间的代尔拜赫里神庙的壁画中，记载着这次远航的场面，描绘了蓬特国王和他的王妃、女儿及一群当地人欢迎古埃及船队，双方互致问候，以及古埃及人向他们献上礼物的情景。

TIPS

　　在古埃及文献中，"蓬特"的名称往往跟在另一个名称"奥蓬"之后，后者是位于非洲之角南部的海岸市场，在索马里附近。今天的索马里，有许多部落宣称自己是蓬特人的后裔。

了蓬特国的奇异物品，有上帝之地生长的芬芳的树木，一堆堆的没药树树脂，活的没药树，还有乌木、高级象牙、黄金、肉桂树、猿猴、狗、南方黑豹的毛皮、土著和他们的孩子……所有这些都是埃及人见所未见的东西。

　　古埃及人的蓬特探险，距今已有 4000 多年。他们的航程在今天看来也许是不足称道的，但在当时却是了不起的壮举，也是人类具有征服海洋的勇气和能力的体现。他们的探索精神，他们扩大的贸易范围以及开辟的海上航路，给后来的海洋探险者做出了榜样。可以说，古埃及人的航海活动是早期海洋探险史上的里程碑。

煮海为盐：
海水为什么这样咸

003

（约前 2000）

　　大海是盐的故乡。自古以来，海盐在人们心目中就具有崇高的地位。海水为什么这么咸？海水里的盐分究竟从哪里来？海里有磨盐机吗？海水会不会越来越咸？其答案与海洋化学有关，而中国海洋化学的起源，就是从古代人的"煮海为盐"开始的。

　　有人说，大海是盐的故乡，这话一点儿不假。如果把一锅海水煮干，锅底会留下一层白色的东西。尝尝，味道既咸又苦，这就是溶解在海水里的盐类，其中咸味是因为海水里溶有很多氯化钠

↑海南洋浦千年古盐田。

（食盐），而苦味是因为海水里溶有很多氯化镁。

　　海水的平均含盐度是 35‰，也就是说，每 1000 克海水中就含有 35 克的盐。乍一看，这数字并不惊人，但仔细算算却又吓人一跳，因为整个海洋里所含的盐竟有 5 亿亿吨之巨。如果把这些盐平铺在陆地表面，地球就要盖上一层 153 米厚的"盐被"了。位于阿拉伯半岛与非洲大陆之间的红海，含盐度高达 37‰～ 42‰，深海底个别地点

据估计，全世界的河流每年带入海洋的盐分，至少也有30亿吨呢！

曾测到270‰以上，是世界上含盐度最高的海。

自古以来，海盐与其他盐一样，在人们心目中具有崇高的地位。古希腊哲学家柏拉图曾认为，盐和水、火一样，都是生命最原始、最神圣的构成要素。在一些宗教崇拜中，盐常常是奉献给诸神的供品之一。盐在历史上也曾被当作通货使用，英文的"薪水"(salary)一词，就源于拉丁文的"买盐钱"。

海水制盐在中国历史悠久。相传炎帝时，在氏族首领夙沙氏的主持下，今山东沿海地方的原始先民们已开始"煮海为盐"，距今已有4000多年的历史。据说最早的制盐方法十分原始，可能是烧一堆木炭，把海水直接泼在上面，这样在木炭上就出现一层白色的盐末。后来才出现用锅煮盐的方法，也就是所谓的"煮海为盐"。

商周之际，煮海为盐的做法就已经被推广并开始普及，西周时海洋开发活动加强，当时还专门设置了"盐人"这一职务。春秋战国时期对海盐的利用已具有相当规模，海水制盐甚至成为某些沿海大国如齐国的支柱产业；之后西汉桓宽编著《盐铁论》，说汉代盐场规模大的有千人之多；到了两晋，盐场遍布东南沿海，今天的浙江海盐县是当时著名的产盐区。

隋唐时，台湾、福建两地的盐民们又开始利用太阳光晒盐。它的原理很简单：在海滨开辟一些水池即"盐田"，趁涨潮时把海水纳

⬆ 海水晒盐的主要流程是：制卤→旋盐→收盐→整滩。

TIPS

江河水不断地把陆地上的盐带入海里，海水会不会越来越咸呢？其实不会，因为从总量上看，河流入海的盐分所占比例很小，而且海洋生物需要从海水中吸取大量的盐，来组成它们的贝壳和骨骼。大海里的盐也因此形成一种平衡状态，不会有显著的变化。这就是说，海水将永远保持它的苦涩咸腥味。

入池内，然后把海水引入蒸发池，让它在太阳光下蒸发，变成含盐量很高的卤水，最后把卤水转移到结晶池，让卤水继续蒸发，白花花的盐粒就逐渐结晶，沉积在池底了。

一般认为，第一个科学地研究海水化学的是英国物理学家和化学家玻意耳（1627—1691），他于1670年发表了关于海盐的论文。但是，要说真正接触到海洋化学，中国古代的海水制盐至少比国外早700年。中国的海洋化学就是从海水制盐开始的。

盐是赫赫有名的"化学工业之母"，它可以提炼出许多有用的化工产品。离开了盐，纯碱、盐酸、化肥、塑料等化学工业简直无法进行生产，涂料、皮革、造纸、钢铁等许多行当也会产生困难。可以毫不夸张地说，盐业的发达与否，是一个国家工业发展与否的重要标志。可见，盐是大海赐予人类的一笔巨大财富。

腓尼基人：
最早的远航探险者
（约前 600 ）

004

历史上，腓尼基人以英勇善战、精明强悍、善于航海著称于当时环地中海群居部落。公元前 600 年左右，腓尼基水手历经 3 年，航行近 3 万千米，完成了历史上第一次环绕非洲大陆的航行壮举。这也是迄今所知人类第一次大规模远航探险，谱写了人类海洋探险史上新的一页。

在地中海的东岸，有一个最古老的航海之国，它就是腓尼基。公元前 2000 年前后，腓尼基人生活在地中海东岸的狭长地带，也就是今天的黎巴嫩和叙利亚沿海一带，在此建立若干城邦。

腓尼基字母

↑ 腓尼基人创造的 22 个字母，传入希腊后产生了希腊字母，是欧洲各种字母的共同来源。

腓尼基人的航海活动，开始是沿海岸航行，凭太阳辨别方向。后来随着造船技术的提高和船只性能的改进，腓尼基人的航海技术也不断提高，他们的船只逐渐航行到更远的地方。

腓尼基人在向西到达直布罗陀海峡后，他们的船只并没有停下来，而是冲出地中海，向北、向南航行。公元前 600 年左右，腓尼基

➡ 公元前 470 年前后，腓尼基商船队长汉诺指挥一支由 60 艘船和 3 万名船员组成的不寻常船队，向西通过神秘的海格立斯巨柱，开始了一次规模宏大的海上探险航行。

人奉古埃及法老尼科二世之命，组织一支由 3 艘木船 50 把大桨组成的探险船队，去探索地中海以外的世界。

船队从苏伊士港起航，驶出红海，顺着非洲东海岸向南航行。当北斗星渐渐隐没于水平线下，太阳出现在北方的天空，腓尼基水手十分惊讶，而这恰好证明，腓尼基人确实穿过了赤道并在南半球水域航行过。

途中为解决缺粮问题，腓尼基水手登上大陆，耕种土地等待收获，然后继续航行。在绕过非洲南部海岸后，船队开始折向北方，久违的北斗星露面了，

TIPS

传说希腊神话中最伟大的英雄海格立斯，在大西洋与地中海之间唯一海上通道直布罗陀海峡的两岸峭壁上各竖立一根擎天巨柱，人称"海格立斯擎天柱"。当时这里被认为是世界西边的尽头，古代历史上敢于通过这两根巨柱向西进入大西洋的探险者虽说不乏其人，但几千年间真正能够取得成功的，大概也只有腓尼基人汉诺和希腊人皮西厄斯两个了。

正午的太阳又慢慢移到头顶。终于，他们从一条狭小的海峡驶进一片宁静的海面，这就是他们曾航行过许多次的地中海。

就这样，腓尼基水手历经 3 年，航行近 3 万千米，完成了环绕非洲大陆航行一周的航海壮举。他们的远航轰动了古埃及，让人耳目一新。公元前 5 世纪，西塞罗称其为"历史之父"的古希腊历史学家希罗多德，在名著《历史》第 4 卷中对腓尼基人环绕非洲的航行作了精彩的描述。尽管探险者本身并无任何文字记载，当时人们也没能从中得到有关海洋的理性认识，但它谱写了人类海洋探险史上新的一页。

萨拉米海战：
决定了欧洲海洋文明的未来
（前 480）

005

希波战争中的一次海战，公元前 480 年秋发生在阿提卡半岛西面的萨拉米海峡。它是希腊人转守为攻的开始，也是历史上有记录的第一次大海战。伴随着 15 世纪大航海时代的兴起，人类通过海洋真正把世界连成了一个整体，海上战争也从沿海走向远洋，具有了世界意义的规模。

自古以来，人类围绕海洋展开的争夺战有着深刻的根源。早在 2500 年前，古雅典统帅地米斯托克利就说："谁控制了海洋，谁就控制了一切。"海战是陆战的延伸，但又不仅仅是陆战的延伸。

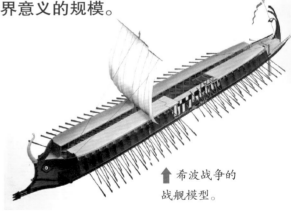

↑希波战争的战舰模型。

对一些沿海国家来说，从最早的雅典到后来的"日不落"帝国——英国，正是依靠强大的海上实力开疆拓土，成为世界主要海洋强国。

在古希腊诸城邦反抗波斯侵略的希波战争中，波斯军曾三次大规模入侵希腊，最后一次是公元前 480 年，波斯国王泽尔士一世率 50 万大军水陆并进，成功渡过赫勒斯滂海峡，迅速占领希腊北部，攻克温泉关，直取雅典城，将这座古希腊文明中心城市化为废墟。古

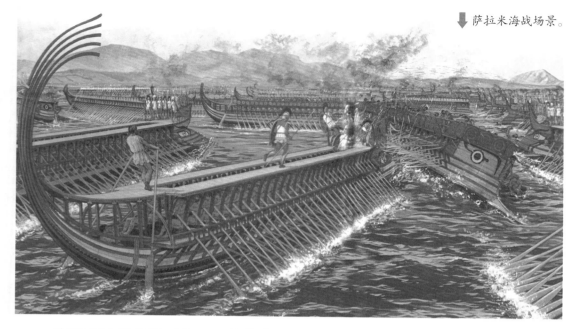

希腊诸城邦岌岌可危，只能依靠以雅典为首的希腊联合舰队了。当时波斯有海军 17.5 万人，战舰 1207 艘，浩浩荡荡，而希腊联军仅有轻装步兵 7 万人、重装步兵 7 万人，战舰 380 艘，力量对比极为悬殊。

当时的雅典统帅地米斯托克利则是一位战略家，他力排众议，提出撤出雅典的"大迁移"战略，把雅典居民全部转移到萨拉米岛和特洛辛岛。9 月 19 日，波斯舰队终于完成对希腊舰队的合围，整个希腊舰队被困在狭窄的萨拉米海湾内。

泽尔士一世下令波斯舰队开进萨拉米海峡，向希腊舰队展开攻击。由于入口处水道狭窄，暗流涌动，波斯战舰一次只能通过十余艘，战争一开始，进入海湾的波斯战舰只有 100 多艘，海面上密集部署、严阵以待的希腊战舰立即对进入"口袋"的波斯战舰发起攻击，形成以多击寡的局面。他们就像一群箭鱼一样，发挥船小灵活、可在狭窄海湾运转自如的优势，以接舷战和撞击战反复攻击波斯舰队。而波斯战舰体大笨重，很难控制方向，前进不得，后退无路，自相碰撞，乱作一团。经过 8 个小时的激战，波斯舰队遭到重创，人员伤亡数万，多达 200 艘战舰被撞沉，50 艘战舰被俘获。

第二年，希腊陆军击败波斯陆军，光复雅典。虽然萨拉米海战从军事上讲并不能算是大胜，但它扭转了希波两军的战局走向。如果没有这场海战，希腊人绝对无法抵挡住波斯人海陆并进的进攻。如果希腊遭到毁灭，希腊文化便会遭到毁灭。而正是希腊文化的果实和影响力，缔造了今天的整个西方世界。因此，萨拉米海战作为单次海战对世界的影响极为重要。

另外，萨拉米海战作为奠定雅典百年辉煌的决一死战，是世界上第一次大规模桨船队之间的较量，也是世界海战史上以少胜多、以弱胜强的典型战例。现代希腊海军为纪念这一重大胜利，每年9月12日都要举行纪念庆典。

中途岛海战
ZHONGTUDAO HAIZHAN

1894
甲午海战

亚里士多德：
古代海洋学之父
（前384）

　　古希腊著名学者亚里士多德学识渊博，一生研究的内容极其广泛。他对海洋生物学、海洋气象、海洋地理、潮汐和波浪等海洋科学领域的研究都作出了重大贡献，堪称第一位以科学精神认识海洋的杰出代表，被后人称为"古代海洋学之父"。

　　亚里士多德17岁就被身为宫廷医生的父亲送到当时著名的雅典学院，跟随柏拉图学习和工作达20年，并形成自己独特的学风，如注重实际，注重在研究学问时提出问题，特别是解决疑难问题，注重收集材料，敢于尝试和探索等。

　　亚里士多德对海洋生物有着极大的好奇心，观察力极强，并最早开始了对海洋生物的研究，是海洋生物学的开创者，著有一系列重要著作，如《动物志》《动物之构造》等。他在爱琴海分辨出近150种海洋动物，并给海胆的咀嚼器官起

◄ 亚里士多德（前384—前322）在物理学、心理学、生物学、历史学、修辞学等领域都作出了重要贡献，为后世学科的发展奠定了基础，开辟了方向。

← 乌贼。

↑ 海胆。

名为"亚里士多德的提灯"。

在《动物志》一书中，亚里士多德将海洋动物、陆生动物划分为有血和无血两大类，从而创建了最初的动物分类。他不但是欧洲第一个按照海洋动物和其他各种动物的相似性和相异性的性状进行分类的人，也是世界上第一个创立了动物分类学的学者。

在有血动物中，亚里士多德又将其分为五群：一是身体有毛且胎生的四肢动物，相当于现代的哺乳类；二是卵生且有鳞的四肢动物，相当于现代的爬行类；三是卵生、具有羽毛且能飞的两肢动物，相当于现代的鸟类；四是胎生、无肢且用肺呼吸的水栖动物，相当于现代海洋里的鲸类；五是卵生、无肢且用鳃呼吸的水栖动物，相当于现代的鱼类。

亚里士多德将无血动物也分为五群：一是软体、头部有足的动物，相当于现代的软体动物头足类；二是软体、有角质壳的动物，相当于现代的软体动物介壳类；三是软体、无足具硬壳的动物，相当于现代的软体动物斧足类；四是昆虫动物；五是节肢动物甲壳类。

据统计，亚里士多德在《动物志》中，至少记述了170多种海洋动物，其中最多的是海洋鱼类，有110多种。其他还有海绵、腔肠、棘皮、蠕虫、软体、节肢、被囊、鱼类、爬行类、鸟类和哺乳类等十多类海洋动物。绝大多数的分类和命名是正确的，不少命名如"海绵""海豹""电鳐"等一直沿用至今，人们耳熟能详。

皮西厄斯：
最早探险北大西洋

（约前 320）

公元前 3 世纪，有位探险家以过人的勇气和顽强毅力，在一无地图、二无罗盘的情况下，指挥一艘重约 100 吨的商船，对北大西洋进行了最早的航海探险，把人类有关北极的认知大大推进了一步。他就是古希腊著名天文学家和地理学家——皮西厄斯。

皮西厄斯出生于古希腊移民地马萨利亚，也就是现在的法国马赛——一个天然海港城市。由于从小便对天文、数学和海洋有浓厚的兴趣，并通过许多实验掌握了初步的航海知识和技能，皮西厄斯相信自己有能力驶入地图上没标志的海洋，去寻找地球的边缘。

↑ 在北极圈一带常见的午夜太阳。

大约公元前 320 年，皮西厄斯乘坐一艘重约 100 吨的商船，由马萨利亚港出发，指挥着 25 名水手和一名领航员，开始了他的海上探险生活，驶向欧洲西北部的海洋。

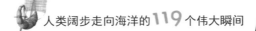

　　一路上不断遭受狂风和高达20米的巨浪冲击，商船经过艰苦搏斗，先后越过大不列颠岛、苏格兰海岸、奥克尼群岛和设得兰群岛，最后抵达设得兰群岛最北部的安斯特岛。皮西厄斯从安斯特岛牧人那里得知，在离苏格兰很远的北方有个名叫"图勒"的地方，那是一片广阔的土地，当地人称为"太阳的安息之所"，也就是世界的尽头。皮西厄斯对此极为向往，他以过人的智慧和勇气，率商船继续向北开去，6天后终于抵达最后的目的地——图勒。

　　在这里，他看到"太阳落下去不久很快又会升起"，这里的一天只有两三个小时见不到太阳。皮西厄斯不仅观察到"午夜太阳"的壮观景象，还看到岛上高大的山峰和永远燃烧不息的烈火。"海面上被一种奇怪的东西所覆盖"，这使他大为惊奇。

　　皮西厄斯最早在北大西洋进行了远航大探险，这段伟大旅程的地点包括大西洋、英国诸岛，甚至是北极圈以北的地方。后来，皮西厄斯将他的远航大探险经过以及途中遇到的奇闻趣事，写成《大洋记》。这本书对当时地中海地区的历史学家和地理学家产生了重大影响。

　　此外，皮西厄斯还绘制了公元前300年前后的世界地图。从地图上可以看出，当时的世界已扩大至冰岛到锡兰（今斯里兰卡）一带，这在当时是很了不起的。

TIPS

　　图勒，是一个充满神奇色彩的地方。这个地方究竟在冰岛，还是在挪威的某个岛屿，目前还没定论。尽管如此，也许是受到皮西厄斯此次探险发现的影响，后来的作家和诗人都把遥远的地方和地球的终点叫作"图勒"。

亚历山大灯塔：
为航海人重现光明

008

（约前 280 ）

追根溯源，自从人类开始航海，航标便应运而生，灯塔就是航标的高级形式。千百年来，矗立于海岸或孤岛、礁石上的灯塔，像一颗颗璀璨的夜明珠，以自己的光明照亮了人类的文明。古埃及人建造的亚历山大灯塔，被公认为世界上年代最早、规模最大的灯塔。

亚历山大灯塔遗址位于埃及最大海港亚历山大近郊法罗斯岛上，因此又叫"法罗斯灯塔"，由小亚细亚建筑师索斯特拉特设计。传说修建灯塔的起因颇具罗曼蒂克的悲剧色彩：托勒密一世手下一名重臣的

↑ 波塞冬塑像。

TIPS

　　航标是导引和辅助船舶航行而设置在岸上或水上的标志。岸上航标有灯塔、灯桩、导标等，水上航标有灯船、浮标、灯浮等。亚历山大灯塔为古代世界七大奇观之一。

女儿出嫁前，乘坐的轮船触到法罗斯岛附近的礁石而死于非命，托勒密一世便下令在出事地点修建一座灯塔，为过往船只导航。

↑ 1995 年，埃及政府对沉睡于海底的灯塔残骸进行打捞，找到了亚历山大灯塔的塔身。

据埃及古文献记载，亚历山大灯塔大约建成于托勒密二世初期（前 280—前 278 年），建成的灯塔占地面积约为 930 平方米，高 122 米，全部用石灰石、花岗岩、白大理石和青铜铸成，看上去非常雄伟壮观。

灯塔由四部分组成，下层高 60 米，底部呈正方形，它有 300 多个房间和洞穴，供管理人员和卫兵居住，以及存放食物和物资器材。第二部分为八面体，高 30 米。第三部分为圆柱形，高 15 米，由 8 根圆形花岗岩石柱支撑着一个 8 米高的穹窿状圆顶，并有螺旋通道通向顶部，这里就是夜间导航的航标灯室。

TIPS

为了缅怀灯塔，埃及人于 1477 年在灯塔旧址上专门修建了一座古城堡，以国王卡特巴的名字命名。这座用石头砌成的灰黄色古城堡，实际上是一个小小航海博物馆，主要陈列着古灯塔修建前后遗留下来的文物，其中包括一座缩小的灯塔模型。1966 年改为埃及航海博物馆，展出模型、壁画、油画等，介绍自一万年前从草船开始的埃及造船和航海史。

航标灯是大型金属镜，白天能反射日光，夜晚能反射月光，就像一个巨大的明火盆。火盆旁也有一个用磨光的花岗岩制成的反光镜，以反射火光。在月暗星稀的夜晚，冲天的火光使周围形同白昼，灯塔的巨大青铜镜将光芒反射到地中海的夜空，灯塔发出的光可为方圆 65 千米的航船导航。

灯塔的第四部分是一尊海神

波塞冬塑像，高 7 米。灯塔倒塌之前可能是仅次于胡夫金字塔和卡弗拉金字塔的第三高建筑物。埃及许多早期伊斯兰教清真寺的尖塔，都模仿了亚历山大灯塔的三层式设计，由此可见该灯塔在建筑学上的广泛影响。

公元 700 年，亚历山大灯塔在一场大地震中局部被毁。公元 1300 年以后，这一奇观在几经沧桑和数次地震的袭击后，几乎全部被毁，无声地沉睡海底。

➡️ 中国的灯塔历史源远流长，早在 4000 年前夏朝时期就利用"碣石"指引航路，碣石就是中国远古时代的自然灯塔。

⬆️ 新建的亚历山大灯塔与古埃及的方尖碑一样呈尖顶方身形，塔身用玻璃和钢铁建成。

009

涨海中倒珊瑚洲：
中国人首先发现南海诸岛
（公元前后）

2000 多年前的汉代，中国人首先发现了南海诸岛，"涨海"是我国古代对南海的最早称谓。在晋朝以前，中国人已用"珊瑚洲"泛指南海诸岛，这是世界上对南海诸岛最早的科学命名。由此可见，中国拥有南海诸岛及其附近海域的主权，具有无可争辩的历史依据。

早在 2000 多年前的汉代，中国航海业就很发达，舟师远航至今斯里兰卡，南海是必经之地。随着航海活动的持续开展，以及造船技术的提高和捕鱼范围的扩大，中国人首先发现了南海诸岛，并对南海有了初步认识，如三国时吴万震著《南州异物志》记录从马来半岛到中国的航程："东北行，极大崎头，出涨海，中浅而多磁石。"

这里的"涨海"，是中国古代对南海的最早称谓，"崎头"是中国古人对礁屿和浅滩的称呼，而"磁石"则指称暗礁、暗滩，让来往船只搁

➡ 1946 年 12 月中国政府接收人员在南沙太平岛上留影纪念。

浅难以脱身，就像被磁石吸住一样。这些都表明，至少在东汉时期，中国人已初步了解到南海和南海诸岛的基本特点。

中国的珊瑚岛礁绝大多数分布在南海海域，晋代葛洪撰古小说集《西京杂记》，所记多为西汉遗闻逸事，其中有南越王向汉武帝献"烽火树"，说明当时已知南海岛礁产珊瑚。三国时，康泰在《扶南传》中说："涨海中，倒珊瑚洲，洲底有盘石，珊瑚生其上也。"这一记载，是世界上最早对南海诸岛的珊瑚岛礁成因作出的科学说明。康泰对南海珊瑚岛礁地貌体、岩性和礁顶生态的观察，无疑是正确的。

宋代以来，中国人民对南海诸岛的认识日渐深入，在南海的活动范围也进一步扩大。从宋代到清代，南海诸岛出现了诸多地名，有长沙、石塘、千里长沙、万里石塘等 20 余种。这里的"长沙"是灰沙岛的古称，而"石塘"指断续分布很广的环礁、台礁。基本上采用"石塘"和"长沙"命名各群岛，也表明人们对南海诸岛的认识趋向一致。

元代开始将南海诸岛分为四个岛群。从 1330—1339 年曾亲赴南海和

热带、亚热带海洋中的一种石灰质岩礁，主要由造礁珊瑚的石灰质遗骸和钙藻、贝壳等长期聚结而成，人称珊瑚礁。

印度洋一带的汪大渊，在其所著《岛夷志略》中，明确记述了包括今西沙、中沙、东沙和南沙群岛在内的南海。到明清时期，中国人在南海的活动范围涵盖了整个南海。

1933 年 6 月，民国政府内政部成立水陆地图审查委员会，并在 1934 年 12 月审定了中国南海各岛礁的中英岛名，公布了《关于我国南海诸岛各岛屿中英地名对照表》。这是中国政府对南海诸岛的第一次准标准化命名，首次将南海诸岛明确区分为四部分：东沙岛、西沙群岛、南沙群岛（今中沙群岛）和团沙群岛（亦称珊瑚群岛，今南沙群岛），列出了南海诸岛 132 座岛礁滩洲的地名。

通过南海地名演变的历史可以看出，中国南海疆域的形成并非偶然，它是中国人发现、认识、命名南海诸岛历史发展的结果，是中国人在南海活动范围不断拓展、变化的历史产物。

010

海图的诞生：
航海探险家的希望
（90）

　　海图是人类走向海洋的必备工具，其中《托勒密地图》的流传，给当时寻找新世界的欧洲探险家以崭新的希望，而《郑和航海图》则是研究 16 世纪以前中西交通史的重要资料。可以说，每一幅地图都承载着丰富的地理、社会及历史信息，指引着东西方航海家去探索未知的世界。

▲ 羊皮卷海图。

　　现存世界上最古老的地图，是公元前 700 年左右制作的巴比伦尼亚的"泥板世界地图"，地图的中央是幼发拉底河及其流经的巴比伦和周边地区，外围的圆圈是用楔形文字标注为"苦海"的圆环状海洋，还有被标注为"岛"的支撑着天空的三角形陆地。

　　生于埃及、长期居住在亚历山大城的古希腊天文学家、数学家、地理学家和地图学家托勒密（约 90—168），对 14—15 世纪大航海时代影响巨大。在其所著《地理学指南》8 卷中，托勒密介绍了用经线和纬线绘制地图的说明，并附有经纬度数值的欧、亚、非三洲

➡在几乎没有可靠海图的哥伦布时代，在大洋中航行，就像在黑暗中摸黑前行一样，充满了危险。

的地理位置图。图中托勒密把三大洲标注为大洋环抱的三个大岛，通过海洋可以在三大洲之间往来，很接近真实情况，给后来寻找新世界的欧洲探险家以崭新的希望。葡萄牙的亨利亲王（1394—1460），正是利用托勒密理论精确定位他们所航行过的海域，绘制出一张张指引后来者航行的海图。亨利相信托勒密的"大洋包围陆地"的观念，赞助葡萄牙探险队沿非洲西海岸南下，让水手一次次向更南的海洋冲击。可以说，《托勒密地图》使得欧洲探险家发现了好望角，进而发现了整个世界。

随着航海业的日益发达，海图学也在发展，13—15世纪后半叶，已经开始使用领航图。这种图在一定航路上标示出港口与海角基点间的距离和方位，并附有磁北方向。随着15世纪末地理大发现的到来，航海图也迎来黄金时代。

16世纪初的欧洲，又出现一张根据《托勒密地图》而来的《新世界地图》。图上美洲和亚洲连成一体，它们的南面有一个大海，称为"南海"（即太平洋）。剩下的事情，就是证明这个海洋和一条海路的存在了。麦哲伦船队的环航地球之旅，给始于亨利亲王的探求世界画上句号，欧洲人至此终于完成了对世界轮廓的认识。此后所有探险家的发现，只是将这个轮廓描绘得更为细致而已。

中国在宋朝就有航海图的绘制，可惜已经失传。现存的中国最

早的航海图籍《郑和航海图》，全称《自宝船厂开船从龙江关出水直抵外国诸番图》，是明初郑和率船队七下西洋（1405—1433）的伟大航海成就之一。

《郑和航海图》采用中国传统山水立体写景形式绘制，形象直观地标绘出郑和出使西洋各国的航程和经历的地名方位，包括航海图二十叶和"过洋牵星图"两叶。全图绘示郑和出使西洋各国的航程和经历的地名方位。以南京为起点，遍及今南海及印度洋沿岸诸地，远达非洲东岸。所收地名较为详备，并附有航线和针路，是研究 16 世纪以前中西交通史的重要资料。曾任英国海军潜艇指挥官的业余历史学家加文·孟席斯，甚至在《1421：中国发现世界》一书中认为，哥伦布、麦哲伦、达·伽马、库克等欧洲航海家都曾受惠于《郑和航海图》。

就这样，海图指引着东西方航海家去探索未知的新世界，同时也经由一次次的航海实践，逐步从想象到形象、从形象再到精确。

法显：
海上丝绸之路的开拓者
（399）

　　一部《西游记》，让唐僧家喻户晓，人人皆知。可是长久以来，多数国人并不知道，第一位去"西天"成功取经的人并不是唐僧，而是比唐僧早 200 多年的东晋僧人法显。他是中国海上丝绸之路的开拓者，对中国航海史有重要的贡献。

　　在郑和七下西洋之前，中国已出现不少航海家，其中东晋僧人、旅行家、翻译家法显，就是比较著名的一个。

　　东晋隆安三年（399），感于中国经律残缺，法显不顾 60 余岁高龄，毅然西赴天竺（今印度等南亚国家）取经求法。法显偕同学慧景、道整等从长安出发，沿丝绸之路穿过最危险的地区——罗布泊，那里"唯以死人枯骨为标识"。一路上跋山涉水，遭遇自然风霜、社会动荡、语言风俗差异、生死离别孤独等艰难困苦，从陆路步行到天竺。法显在天竺苦心修行，搜集佛典，前后历经 14 年磨砺，共游历 30 余国，终于完成取经求法的任务。

东晋义熙七年（411），法显乘商船东归。在茫茫大海中，不知方向，他们白天靠太阳、夜间靠星斗辨别方向，遇到阴雨天就随风漂流，经过90天的海上漂泊，才到达耶婆提（今印尼苏门答腊岛）南部。法显在那里停留了

↑ 科技史研究专家李约瑟在《中国科学技术史》中称赞：忍着难言的艰辛和困苦，进行长途跋涉的这些朝圣者当中，第一个伟大的名字是——法显。

5个月后，跟一位广东商人东渡回国，经西沙群岛驶向广州。海上遭遇狂风巨浪，几乎所有东西都扔光了，法显却死死抱住佛像佛经不放。历经千辛万苦，第二年七月遇大风，漂流至青州长广郡牢山（今山东青岛崂山）。法显看见大白菜，才知道回到了久别的祖国，高兴得热泪盈眶。有人算了算，法显在海上先后航行了5000余千米。

法显不仅比玄奘早200多年带回大量佛经，而且还把国外所见所闻及海上战风斗浪的经历整理成《佛国记》，又称《法显传》，大约成书于义熙十二年（416）。这是世界上最早的长篇旅行传记之一，法显因此也被称为中国古代旅行家第一人。

TIPS

《佛国记》有13980字，详细记录了法显取经途中的经历，包括山川方位、道路里程、气候物产、寺庙古迹、宗教典章、风土人情等，还有海上航线、风信星宿等情况，是研究公元4至5世纪我国和东南亚各国古代史、东西交通史、佛教史和人文地理的珍贵资料，对当时及后世都产生了巨大的影响。

➡ 法显，俗姓龚，约生于337年，东晋平阳郡（今属山西临汾）人。3岁时，父母怕他夭折，度为沙弥（童僧），20岁受大戒，逐渐成为精通三藏的高僧。

⬆ 图为法显曾经生活过的地方。

法显是从陆上丝绸之路去今巴基斯坦、阿富汗、尼泊尔、印度、孟加拉国，再航海至斯里兰卡、印度尼西亚回到中国的。这条连接中外的黄金水道，就是"海上丝绸之路"。显而易见，太平洋与印度洋的沟通，中国始于法显。至今，法显在南亚诸国仍大名鼎鼎，家喻户晓。印度人甚至将法显与阿育王相提并论。在斯里兰卡，有法显村、法显洞以及中国出资建造的法显纪念馆等。

红发埃里克：
西方公认的到达美洲第一人

（982）

与徐福入海寻仙山一样，欧洲千百年来也有先人渡海寻找海外乐土的传说。1000 年前，北欧维京海盗"红发埃里克"成为有据可考的最早移民美洲的欧洲人。世界第一大岛格陵兰，就是埃里克发现并命名的。

公元 9 世纪，有开拓者在北大西洋发现了神奇的冰岛，结果短短时间内岛上居民人口就过万。随着人口的增多，耕地日益紧张，开拓者们不得不继续进行海上冒险，寻找新的陆地。当时只有一条出路——越过北海向前。

埃里克是一个性情暴躁又具有强大号召力的头领，他因杀人罪被判放逐 3 年，便铁下心西行，在 982 年带着家人、

↑ 红发埃里克（950—1003），也称红胡子埃里克、红魔埃里克、红毛埃里克或红衣埃里克，是维京探险家。由于家乡靠近北海，他从小就熟悉海上生活。图为有关维京海盗的电影海报。

↑ 格陵兰岛。

随从和一帮有劣迹的人，去海上孤注一掷地进行冒险。

从冰岛到格陵兰的航程并不算远，大约 720 千米。埃里克从冰岛出发后向正西航行，为了把握航向，他白天目视太阳，夜里仰望北斗星，就这样顺利地走了 4 天 4 夜。这一天，他们突然看见一幅令人毛骨悚然的景象，一个个被吓得目瞪口呆。原来，在他们面前出现一列陡峭的冰壁，在阳光的照耀下金光四射，让人看了眼花缭乱、胆战心惊想返航，但埃里克坚持继续前行。

冒险队在横渡了今天称为丹麦海峡的水域后，埃里克站立船头，看见前方地平线上出现一条长长的海岸线。到了近前，发现是冰封雪冻的冰原，扑面而来的是一股似乎永远无法消融的寒气，埃里克便放弃登陆，扬帆继续航行。他们穿过岛礁和冰山组成的可怕迷宫，带着巨大的勇气在冰原东南端航行。一片绿色山谷使他们绝处逢生，它位于冰原

TIPS

　　维京人（Vikings），是 8 至 11 世纪生活在西欧、北欧等沿海地区的斯堪的纳维亚人。Vikings 出自诺曼语，原义"帐篷"。维京人在海上以劫掠为主，但也在陆地上活动，甚至深入大陆内部。他们每逢登陆，便搭起临时帐篷，事毕扬长而去，故名。

↑ 维京火祭节

西海岸。

　　就这样，冒险队在北极圈附近海域遭到无边无际的浮冰阻拦，因无法接近冰原，只好折向南行，沿冰原东海岸航行到法韦尔角，又绕到冰原西海岸。在北纬 62°的尤利安娜霍布附近，埃里克看见野花草坡、轻涛拍岸的壮美峡湾，就带领冒险队在此登陆并定居下来，以猎取熊、狐狸、驯鹿和捕鱼为生。至今，人们仍把埃里克经过的海湾称为"埃里克峡湾"。

　　3 年后，埃里克放逐期满，重返冰岛，决定召集一批移民共同开发这片美丽的土地。尽管埃里克峡湾是美丽的绿洲，但整个格陵兰岛的大部分地区是寒冷的冰雪世界。为了鼓励和吸引更多的人来此开荒，埃里克给新土地取了一个美丽动听却不那么名副其实的名字——格陵兰，意思是绿色的土地。

　　格陵兰全岛约五分之四在北极圈内，约 85% 的面积为厚冰所覆盖，冰原平均厚 1500 米，中部最厚达 3400 米，是仅次于南极洲的巨型大陆冰川，也是地球上的第二个"寒极"。

TIPS

　　丹麦和挪威长期为格陵兰岛归属问题争执，1933 年海牙国际法庭将该岛判归丹麦。格陵兰岛于 1953 年成为丹麦领土的组成部分，1979 年 5 月获得自治。

郑和七下西洋：
与哥伦布相提并论的大航海家
（1405—1433）

15 至 16 世纪世界大航海时代的到来，使东西方交通发生了巨大变化，对人类生活、国际关系、科技进步都产生了深远影响。这个人类历史上重要时期的开端，就是郑和下西洋。郑和七下西洋的壮举，使他成为历史上最早、最伟大也最有成就的航海家。

永乐三年（1405），三宝太监郑和奉明成祖朱棣之命，率领由 62 艘宝船、27800 余人组成的庞大船队，首次出海远航。船队经南海，穿过马六甲海峡，横越孟加拉湾，远航到印度西南海岸的古里，1407 年返航。这是郑和第一次下西洋（印度洋），也开始了他极其不平凡的一生。

明成祖命令郑和再次率船队远航，第二次（1407—1409）、第三次（1409—1411）下西洋

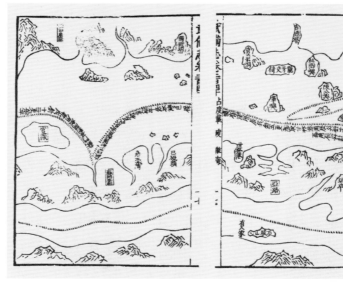

➡《郑和航海图》也是比较详细的海洋地貌图，有500多个地名，现在可以确定的有300多个。关于岛屿的定义也很早见于古文献中，如称海中之山为"岛"，海中之洲为"屿"等。

基本上是沿第一次的航线前进，只是第三次远航到达过锡兰（今斯里兰卡）。第四次远航（1413—1415）途经马六甲海峡时，郑和在满刺加国修筑了排栅城垣和仓库，存放下西洋所需的钱粮与货物，为以后的远航提供方便。

在第五次（1417—1419）、第六次（1421—1422）的远航中，郑和船队到达了阿拉伯半岛与伊朗之间的霍尔木兹海峡，又转向西南横越印度洋，到达非洲东海岸的木骨都束（今索马里摩加迪沙）、石刺哇（在今索马里）和麻林地（今肯尼亚马林迪港）等地。

1431年1月，年已六十的郑和率领船队第七次下西洋。由于前六次已探明通往各国的航路，所以驶向印度后，郑和就派部分船只组成三支船队，分头到各国访问和进行贸易，其中一支到达了红海。

郑和率船队七次下西洋，历时28年，先后到达30多个国家，每次航程都超过万里，最远到达非洲一些国家，创造了世界航海史上无与伦比的奇迹。印尼的爪哇至今还留有"三保洞""三保井""三保船"等郑和的遗迹古迹，印尼的三宝垄也是由郑和留下的遗迹遗事而得名的。为了纪念郑和的功绩，1947年中国政府将南沙群岛中最大的一组环礁命名为"郑和群礁"，以太平岛为最大。1985年，中国发行了一套《郑和下西洋》纪念邮票。

郑和七下西洋，不仅在中国航海史上创造了空前的奇迹，在中国海洋科学史上也写下了光辉的篇章。郑和航海，开创了在太平洋和印度洋专门开展海洋调查的先例，比欧洲航海家专门从事大洋调查的航海活动早467年。郑和七下西洋，不但每一次下西洋的航路各不相同，而且每一次下西洋往返的航线也不相同。郑和船队灵活地采用各种航线，以适应船队遍历东洋（西太平洋）、西洋（印度洋）和进行海上探索的需要，代表着15世纪世界航海技术的先进水平。

在郑和以前，中国的使者、商人等可能也已经到过欧洲东部、阿拉伯半岛，或者非洲的埃及，但走的都是陆路而不是海道。率领中国船队到达红海和东非一带，郑和是第一人。1998年，《美国国家地理》杂志评选过去1000年来世界上最有影响力的探险家时，唯一入选的东方人就是郑和。

▼ 郑和下西洋，比哥伦布发现美洲大陆早87年，比迪亚士发现好望角早83年，比达·伽马发现新航路早93年，比麦哲伦到达菲律宾早116年。

1415 年，郑和船队四下西洋回国，一同前来的麻林国（今肯尼亚马林迪）使者向永乐皇帝献上一头产自本国的名叫"基林"的异兽，外形似鹿，头生肉角，长脖子。因异兽的外形、发音与中国古籍中记载的"麒麟"极为相似，时人认为这就是麒麟。由图可见，麒麟即是今天的非洲长颈鹿。（见《瑞应麒麟图》）

郑和航海宝船共有 62 艘，宝船究竟有多大？据《明史·郑和传》记载："造大舶，修四十四丈，广十八丈者六十二"，换算成今天的通用单位，最大的宝船长约 148 米，宽约 60 米，但学术界对此有不同的见解。由于船队没有留下档案资料，现在谁也不知道宝船到底有多大。

福建省工艺美术创意设计大赛获奖作品刘祖望的"郑和宝船"。

亨利亲王：
从未登船出海的"航海王"

（1418）

有位探险家，人称"航海王"，却没亲自进行过航海活动，甚至一生从未登船驶入海洋半步——他就是唐·亨利亲王，一位渴望探险并敢于向大海挑战的英雄。正是这位葡萄牙人，开创了一个向神学的偏见挑战和向未知的海洋前进的崭新时代。

↑ 马可·波罗（约 1254—1324）。

大航海时代的序幕，是从大西洋拉开的。由于《马可·波罗游记》的深刻影响，西欧人对东方世界的兴趣越来越大。为了开拓通往东方的航路，亨利亲王如饥似渴地学习数学、物理学、天文学和航海知识，特别是托勒密的《地理学指南》8 卷，给了他全新的观念。

1418 年，亨利亲王放弃宫廷的安逸生活，来到葡萄牙南端圣文森特角的萨格里什，创立了世界上第一所航海学校，潜心为自己所追求的探险事业作准备。

亨利亲王在萨格里什集中了航海探险的一切必要因素——书籍、

全球通史

新大陆的发现
HISTORY OF THE WORLD

美国时代生活出版公司 原著

王文君 田春明 编译

青少年彩图版

吉林出版集团
吉林文史出版社

⬇1460年11月，扬名数十年的葡萄牙"航海王"唐·亨利与世长辞，宣示着一个向海洋进军时代的终结。

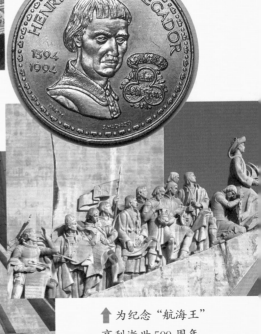

⬆唐·亨利生于1394年，是葡萄牙国王若昂一世的第三子。他以欧洲地理大发现发起人的身份，获得了"航海王"的美名。

⬆为纪念"航海王"亨利逝世500周年，里斯本建造了地理大发现纪念碑。

海图、船长、水手、领航员、地图绘制者、仪器制造者、造船工匠、航海计划和探索未知世界的热情。这时的亨利亲王还不可能知道，正是他推动了持续 300 年的地理大发现，改写了人类的文明史，从而也使萨格里什成为名副其实的地理大发现的摇篮。这所航海学校也使得葡萄牙成为名噪一时的海洋大国，为葡萄牙的海洋探险和寻找"东方航线的钥匙"准备了必要条件。

亨利亲王决定派探险船队沿非洲西海岸南下，探索通往东方的海上航路。在意外地发现马德拉群岛后，他的下一个目标是派船驶向葡萄牙西南 1300 千米的加那利群岛，再转向东南约 240 千米的博哈多尔角，继续向南探索。

博哈多尔角海域波涛汹涌，险滩暗礁密布，终年大雾弥漫，被人们视为"魔鬼之海""世界的尽头"。从 1420 年起，亨利亲王派出一支支船队前往探险，皆无功而返，直到 1434 年，年轻水手艾阿尼斯奉命率船队再次出航，驶向"魔鬼之海"。想不到，船队在驶过博哈多尔角时并未遭遇厄运，从此"沸腾的大海"等延续千余年的迷信观念才被打破。

其后十多年，在亨利亲王的推动下，葡萄牙又进行了 15 次探险航行，每次都越过了传说中的"魔鬼之海"，到达几内亚海岸和佛得角以南 800 千米的洋面上。1456 年，探险家戈麦斯受命出航，到达几内亚比绍的热巴河地区；1460 年他第二次出航，发现佛得角群岛的另外几个岛屿。这是亨利亲王派出的最后一支探险船队。

就这样，亨利长期专注于航行探险，热心培养航海家达 40 余年之久，成为一位渴望探险并敢于向大海挑战的英雄，他无愧于"航海王"的称号。

发现好望角：
海上风暴送给迪亚士的意外礼物
（1488）

位于非洲最西南端的好望角，大西洋和印度洋在此交接，交通和战略地位重要。好望角的发现，是海上风暴送给葡萄牙航海家迪亚士的意外礼物，谱写了新的地理大发现的辉煌篇章，在航海史上和海洋地理学上都具有重要的意义。

1487 年 7 月，奉葡萄牙国王若昂二世之命，迪亚士（约 1450—1500）率 3 艘探险船从里斯本出发，踏上驶往印度洋的未知之旅。

船队沿非洲西海岸南下，在南纬 33° 突然遭遇飓风，海浪铺天盖地。可怕的大风暴使迪亚士的船队大大偏离了非洲海岸，在海上漂泊了 13 个昼夜。

风暴停息后，迪亚士立即率船队向东航行，以便重新靠近西海岸进行休整。可一连向东行驶了好几天，仍未发现非洲西海岸的影子。迪亚

好望角岬角上耸立着建于 1860 年的导航灯塔，高 249 米。苏伊士运河通航前，欧亚航运均经此,是世界最繁忙的海上通道之一。

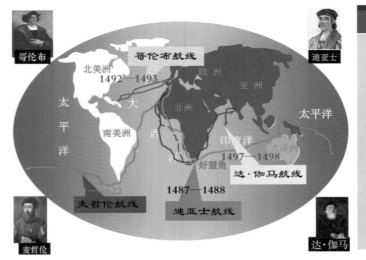

北美洲
1492—1493

哥伦布航线

欧洲

亚洲

太平洋

大西洋

非洲

太平洋

南美洲

印度洋

好望角
1497—1498

达·伽马航线

1522

麦哲伦航线

1487—1488

迪亚士航线

TIPS

自迪亚士发现好望角以来，这里就以特有的巨浪而闻名于世。在南部非洲的海图上，都有关于好望角异常大浪的警告。西方国家常把南半球的盛行西风带称为"咆哮西风带"，而把途经好望角的航线比作"鬼门关"。

士凭着丰富的航海经验推断：莫非船队已在风暴中绕过非洲最南端？

茅塞顿开的迪亚士兴奋地宣称："东方世界的大门已经被我们打开了！"然后下令船队改变航向，朝正北航行。几天后，也就是1488年2月3日这一天，果然远远看见东西走向、覆盖着绿荫的海岸线。迪亚士还发现一个水草丰茂的海湾，即今天南非的莫塞尔湾。迪亚士确信自己已绕过非洲南端，处于印度洋中，便准备继续向东，朝印度方向航行。但船员们疲惫不堪，都不愿继续冒险，迪亚士只好怀着"深深的忧伤"踏上归途。

返航途中，风暴再次降临。本来满心欢喜地认为可以顺利地转入非洲西海岸北上，不料风暴怒号，海面巨浪滔天。船队在风浪中苦斗两天，迪亚士发现前方有一个伸入海中很远的海角，便匆忙竖立一块石碑，作为他发现非洲南端的见证，并把这个多风暴的海角命名为"风暴角"。

1488年12月回到里斯本后，迪亚士向若奥二世描述了自己的探险经过。若奥二世明白，通向富庶东方的航线已被迪亚士发现，便下令将"风暴角"改名为"好望角"，并一直沿用至今。

从"航海王"亨利到迪亚士发现好望角，这70年人类经历了千辛万苦，终于把自己的视野，从封闭的近海推到5000千米外的辽阔海域。

哥伦布四次横渡大西洋：
一个极大错误导致的伟大发现

（1492）

在世界史上，哥伦布被誉为"新大陆的发现者"。作为探险家，他集船长、天文学家和舵手所有的优点，一生为沟通欧美航路作出了重大贡献。但在18世纪的法国地理学家看来，哥伦布的航海大发现却是"一个极大错误导致的伟大发现"。

1451年10月29日，哥伦布出生在意大利的热那亚。由于从小便对大海心驰神往，他大约18岁就开始了海上生涯。

1474年，年轻的哥伦布向意大利佛罗伦萨著名学者托斯康内利请教，得到回信和一幅海图。在托斯康内利的海图上，从里斯本以直线

↑哥伦布。

向西到达中国杭州只需航行5000海里，而航行到盛产黄金珠宝的日本岛只需2000海里。

哥伦布认定日本就在大西洋彼岸不太远的地方，以当时的航海条件，航行2000多海里并不困难。虽然没能使葡萄牙国王相信地球

只有这么小，哥伦布却说服了西班牙国王斐迪南二世支持他的探险计划，并最终发现美洲新大陆，开通了新旧大陆间的海上航路。

1492年8月3日，哥伦布率"圣玛丽亚"号等三艘船和水手约百人，从西班牙巴罗斯港出发，开始了发现新世界的远航探险。船队离开加那利群岛，一直向正西方航行，驶入从未有人敢进入的浩瀚大西洋。

当船队冲出马尾藻海的包围，已在茫茫大西洋上航行了33天，航程2600海里，可眼前依然是水天相连的茫茫一片。船员们失去了耐性，他们担心会被带进万劫不复的魔海，但哥伦布毫不动摇，坚持继续向正西方航行。

1492年10月12日凌晨，一名水手突然发现远处有海岸线的影子，激动地大叫："陆地！陆地！"喜讯传遍整个船队，所有人都惊喜交集。当曙光初现，大家清清楚楚地看见一个微微起伏的海岛，由项链似的珊瑚礁和亮闪闪的沙滩环绕，上面生长着绿油油的热带植物。

在大西洋上航行了71天后，哥伦布率船员登上海岛，向褐色皮肤、赤身裸体的当地人打听这是什么地方。当地人回答"瓜纳哈尼"，船员们以

哥伦布直到临死，仍固执地认为他发现的就是亚洲大陆。后来，另一位意大利探险家亚美利哥证实哥伦布发现的不是亚洲，而是一块新大陆，后人便将这块新大陆命名为"亚美利加"，美洲大陆之名即由此而来。

为就是地名，其实当地人说的是"我不懂"。于是，哥伦布以西班牙国王的名义，把海岛命名为"圣萨尔瓦多"，西班牙语的意思是"救世主"。这个哥伦布在美洲最早登陆的地方，位于西印度洋群岛中巴哈马东部，又叫华特林岛。

哥伦布登上圣萨尔瓦多岛的这一天，标志着"新大陆"的发现和新旧大陆间海上航路的开通。当时哥伦布一行不了解这个陌生的海岛，自以为到了印度，便把这一带岛屿命名为"印度群岛"，把岛上的土著居民称为"印第安人"，这些名称一直沿用至今。从1492年到1504年的12年中，哥伦布曾四次横渡大西洋航行到"印度群岛"探险，其中一大半时间都是在大海上搏击风浪。

尽管哥伦布的主要目的是为证实他确实到达了亚洲，结果又发现了古巴、海地、牙买加、波多黎各诸岛及中、南美洲的加勒比海沿岸地带，并通过加勒比海航行到南美大陆。哥伦布的一生为沟通欧美航路作出了重大贡献，后来曾有30多个国家发行了哥伦布航海探险的纪念邮票。

海上"大草原"：
一个神秘又可怕的航行事故区

（1492）

位于大西洋中部的马尾藻海，海藻稠密，看上去就像海上"大草原"，而且漂泊不定，时隐时现，曾把哥伦布的探险船队捉弄了20多天。历史上，曾有不少航海者在马尾藻海遭遇各种奇怪的经历和恐怖的灾难，可见这是一个神秘又可怕的航行事故区。

1492年8月，决心开辟通往印度航线的哥伦布，率领3艘帆船离开西班牙巴罗斯港，向着未知的大西洋驶去。出发不久，他们就有了一次奇遇——船队离开加那利群岛才10天的凌晨，远方出现一片绿色的"草原"。只见团团海草密密地覆盖

▲ 神秘的马尾藻海。

着海面，草上冒着一串串海泡，好像挂着一串串小葡萄似的，上面还栖息着小鱼、小虾、螃蟹、章鱼和其他生物。船员们兴奋地说，这片"草原"的不远处肯定有陆地。哥伦布却眉头紧锁，因为如此高密度而且接近水面的一簇簇海草，将让航行举步维艰，船队会困死在这里。

➡马尾藻生长于中、低潮间带岩石上，种类甚多。马尾藻海的海水透明度66.5米，为世界海洋的最高值。

　　果然，随着海草密度的增加，船越行越慢，最后竟像陷入泥潭一样不能动弹。船员用火炮发射测深锤测量水深，谁知几百米长的绳子放出去后，测深锤还没触到海底。很快，绝望的情绪便在3艘帆船上蔓延。

　　这个把哥伦布探险船队捉弄了20多天的"草海"，就是著名的马尾藻海，它是令人害怕的航行事故区。此后，又有不少航海者在马尾藻海遇到各种奇怪的经历和恐怖的灾难，有作家曾绘声绘色地描写："许多沉船的废墟集合在一起，无限延伸着，像一群被遗弃的伙伴。"

　　最离奇的是，马尾藻海像百慕大魔鬼三角区一样，有不少飞机也曾在此遇难，如1968年9月，一架C132客机在此突然坠落，机上人员全体遇难。就这样，马尾藻海成为与邻近的百慕大魔鬼三角区一样恐怖的海区，航海家们纷纷避而远之。

　　直到20世纪50年代，苏联、美国等国相继发射人造地球卫星，卫星遥感技术才使马尾藻海的真实面目逐渐显露出来。

　　从卫星拍摄的照片上看，马尾藻海被海藻覆盖的部分呈椭圆形，东起亚速尔群岛，西至巴哈马群岛和安的列斯群岛，范围大致在北大西洋北纬20°～35°、西经40°～75°之间，面积有小半个欧洲那么大。

　　从地理位置看，马尾藻海恰好处于北大西洋环流中心，风力小，海流弱。这里的海水不仅稳定，而且表层海水几乎不同中层和深层海水发生混合，这样它的表层养料便无法更新，导致浮游生物在马尾藻海表层无法旺盛繁殖。结果，这里的浮游生物只有一般海区的三分之一，造成以浮游生物为食物的海兽和大型鱼类无法生存，一个死气沉沉、荒凉寂寞的海区就形成了。

不过，这里却是低等海洋生物马尾藻的乐土，它们经过长期而缓慢的进化，加之水流微弱不会流失，终于形成一个辽阔、荒芜的海上"大草原"。

> **TIPS**
>
> **洋中之海**
>
> 　　世界上的海大多是大洋的边缘部分，都与大陆或其他陆地毗连，而北大西洋中部的马尾藻海却是"洋中之海"——它的西面与北美大陆隔着宽阔的海域，其他三面都是广阔的洋面。它因此是世界上唯一在大洋内部而被命名为"海"的水域，也没有明确的海陆划分界线。

大漩涡背后，可能是蕴含大量财富的宝藏。

达·伽马探险印度洋：
他找到了真正的印度
（1498）

018

当哥伦布第三次远航去探索他认定的"印度"时，葡萄牙航海家达·伽马则越过印度洋，找到了真正的印度。从此，欧洲直达印度乃至整个东方的海上新航道打开了。这条新航道的开辟，为西方殖民者带来了巨大的经济利益。

TIPS

圣赫勒拿是南大西洋的火山岛，孤悬海中，1502年葡萄牙人到此始称今名，1815—1821年拿破仑被放逐并死于此。

由于《马可·波罗游记》和一些商人的夸大宣传，东方的印度和中国成为 15 世纪欧洲人心目中黄金、香料遍地的国度。于是，横穿印度洋到达印度的航海探险，就在这个背景下开始了。

1497 年 7 月 8 日，达·伽马（约 1469—1524）奉葡萄牙国王之命，率 4 艘帆船和 140 多名船员，在大西洋上连续航行了 96 天、4500 海里，举目所见皆汪洋一片，看不到陆地的影子。由于缺乏新鲜蔬菜和水果，很多船员患上坏血病。1497 年 11 月 4 日，他们终于在与好望角毗邻的圣赫勒拿湾看到陆地，用星盘测定后才知船队已到达好望角以北 190 千米处。

船队离开圣赫勒拿湾后，又在沿岸的几个港湾停泊了几次，并于 11 月 22 日绕过非洲大陆南端的好望角，进入迪亚士曾经到达的莫

蒙巴萨，非洲东海岸最大港口，公元前500年即与埃及有航海来往。阿拉伯人、印度人都到此贸易。1405年郑和下西洋时，曾到过该港。

CALECHVT CELEBERRI-MVM INDIAE EMPORIVM.

Cum Priuilegio

塞尔湾——印度洋就在眼前了！

到此时为止，达·伽马率船队走的都是前人探索过的航路，接下来的海域欧洲人从未涉足，所以一路上都是靠近南非海岸，不断寻找海港停泊。到南纬31°附近一条高耸的海岸线前时，恰巧是1497年圣诞节，达·伽马便将这一带命名为"纳塔尔"，葡萄牙语意思是"圣诞节"，它就是今天的南非纳塔尔省海岸。

然后，船队逆强大的莫桑比克海流北上，绕过南回归线附近的克兰德斯角，在赞比西河最北面的支流抛锚，停留了32天，以便收集饮用水，修整船只，并让患坏血病的船员休息。

1498年2月24日，船队到达生长着茂密棕榈树的莫桑比克，达·伽马惊奇地发现，这里有许多阿拉伯船只，来往于印度、波斯、阿拉伯半岛和东非之间，马上激起到印度发财的热望。

← 达·伽马（约 1469—1524），
葡萄牙航海家。

由于一无所获，达·伽马在炮轰莫桑比克后继续北上，4 月初抵达莫桑比克以北约 1300 千米的今肯尼亚蒙巴萨港。在蒙巴萨港吃了闭门羹，达·伽马带着船队继续向北航行，于 1498 年 4 月 14 日驶入与蒙巴萨港相距百余千米的马林迪港——这里就是 80 余年前，中国航海家郑和到过的麻林地。

马林迪国王对葡萄牙人的到来表示欢迎，并委派经验丰富的阿拉伯航海专家马吉德为达·伽马领航。船队于 4 月 24 日从马林迪港起航，乘着温和的印度洋西南季风，穿越阿拉伯海，横渡浩瀚的印度洋，在 1498 年 5 月 20 日抵达印度西南海岸的卡利卡特港——这里正是 93 年前郑和经过和停泊的古里。终于到达盼望已久的印度，船员们在甲板上兴高采烈地跳舞到深夜。

同年 8 月 29 日，达·伽马带着香料、肉桂、丝绸、珠宝和关于印度洋的水文知识，率船队从印度返航。途中经过马林迪，在此建立了一座大理石纪念碑，以纪念印度洋航线的开辟。1499 年，葡萄牙人正式在马林迪建立贸易商站，让马林迪成为在欧洲至印度航线的中途站。从此，欧洲直达印度乃至整个东方的海上新航道打开了。

TIPS

由于旅途还算顺利，达·伽马的成就常常被人低估。但这是欧洲人第一次由海路绕过非洲到达印度，而且达·伽马此次探险的航程，是哥伦布到达所谓"印度"的 3 倍左右。他的成就引领了整整一个时代，使得人们了解了半个地球的形状。

麦哲伦：
最早环航地球一周
（1519）

　　1522年9月6日，是人类历史上最伟大的时刻之一：自从地球在宇宙中旋转以来，有人破天荒地第一次绕地球航行一周，重返家乡。由麦哲伦发起的这次环球探险，第一次向世人证明了地球是圆的，从根本上改变了过去人们对地球和海洋的认识，大大丰富了人们的海洋地理知识。

▼"维多利亚"号。

　　1513年，一个自称巴拿马总督的西班牙人巴尔波亚发现"大南海"的消息传到欧洲后，到美洲探寻一条沟通大西洋和"大南海"的海峡，开辟直达东方香料群岛的航路，就成为欧洲各国海洋探险家的争夺目标，葡萄牙人麦哲伦（约1480—1521）就是其中之一。

TIPS

　　由麦哲伦发起的这次环球探险，历时1081天，航行约85700千米，发现了沟通两大洋的麦哲伦海峡，征服了太平洋、印度洋和大西洋，时人称赞道："我们时代的航海家，给了我们一个新的地球。"

　　麦哲伦坚信一直向西航行，就可以找到通往香料群岛的最短航路。为了从葡萄牙人手中抢香料群岛这块肥肉，西班牙国王批准了麦哲伦的探险计划，并授予他海军

➡️麦哲伦海峡，位于南美洲南端与火地岛之间，在巴拿马运河开航前，它是沟通太平洋和大西洋的要道。

不断地探索：麦哲伦船队环球航行，首次证明地球不是平面，而是一个闭合体。现在，我们知道地球是一个球体。

麦哲伦船队环球探险航线

上将头衔。

1519年9月20日，麦哲伦率领由"特里尼达"号、"圣安东尼奥"号、"康塞普西翁"号、"维多利亚"号和"圣地亚哥"号5艘帆船以及265名船员组成的探险船队，从西班牙桑卢卡尔港驶入辽阔的大西洋，开始了人类历史上第一次环球航行。

船队朝西南方向的巴西海岸航行。经过11周的航行，终于在1519年12月13日驶入里约热内卢湾。由于找不到沟通大西洋和"大南海"的海峡，麦哲伦命令船队越过赤道，驶向荒凉而寒冷的南方。

沿着南美东海岸缓慢行驶，麦哲伦船队调查了每一个海湾，连最小的海湾也不放过，结果仍一无所获。1520年3月31日，麦哲伦决定，船队在南纬49°荒无人烟的圣胡利安湾停泊过冬。

熬过漫长的冬天，8月24日麦哲伦率船队继续向南探索，10月21日到达南纬52°的一个峡口。两艘先遣船深入峡口探航，两天后带回喜讯：他们一路遇到的全是咸水，湍急的水流推着船向西前进。这表明眼前的峡口并不是大河入海口，而是西方有出口的海峡。

麦哲伦立即率船队向海峡深处进发，但海峡弯弯曲曲，礁岩遍布，水流湍急，波涛汹涌，一路上可谓举步维艰，险象环生，结果吓破了胆的"圣安东尼奥"号逃回西班牙，而"圣地亚哥"号早在5月的一次探航中沉没。麦哲伦率剩下的3艘帆船，毫不动摇地继续向西航行，穿浓雾，劈恶浪，过险滩，闯过重重难关，终于在1520年11

麦哲伦在宿务岛上竖起菲律宾第一个大十字架。

月 28 日胜利通过这个长 563 千米的海峡，一片浩瀚无垠的大海展现在船队面前。面对平静浩渺的"大南海"，麦哲伦激动得热泪盈眶。

从哥伦布发现新大陆开始，一支支探险船队都急于寻找却始终没找到的大西洋和太平洋之间的海上通道，如今被麦哲伦找到了。后人为了纪念麦哲伦的这一重大发现，就把这个险恶的海峡命名为"麦哲伦海峡"。

麦哲伦船队在"大南海"（太平洋）上航行了 3 个月零 20 天后，到达北太平洋的关岛，完成了人类海洋探险史上一次了不起的壮举。1521 年 4 月 7 日，麦哲伦船队到达菲律宾群岛中的宿务岛。4 月 27 日，41 岁的麦哲伦在与邻近的马克坦岛土著的冲突中被杀死，伟大的探险家没能完成环航地球的伟大目标。

1522 年 9 月 6 日，残破不堪的"维多利亚"号载着 18 名幸存者终于回到西班牙巴拉麦达港。"维多利亚"号的返航，第一次向世人证明了：地球是圆的，地球的表面存在一个统一的大洋。

太平洋：
世界第一大洋是这样命名的
（1521）

太平洋是世界第一大洋，占地表总面积的35%，海洋总面积的49.8%，比大西洋、印度洋加起来的面积还要大。太平洋之得名，与葡萄牙探险家麦哲伦的环球航行有关，意思就是"和平之海"。

哥伦布几次横渡大西洋，无意中发现了美洲大陆，揭开了地理大发现的序幕，但他没能在美洲大陆找到通往亚洲的航路。那么，在美洲大陆的另一边，真有一片蔚蓝色的海洋吗？

1513年9月，一个叫巴尔波亚的西班牙人自称巴拿马总督，为视察领地带领探险队乘船沿着大西洋海岸向北行驶。大约在150千米处巴尔波亚离船登岸，费尽气力爬到陆地山脉的山顶，竟看到山脉的另一边是辽阔无际的蓝色大海。

巴尔波亚问印第安人向导这片大海通向哪里，向导说只知道海很大，却不知道它的边界。由于大海位于巴拿马地峡南面，巴尔波亚就称它"大南海"。显然，当时的巴尔波亚并不知道自己面临的正是

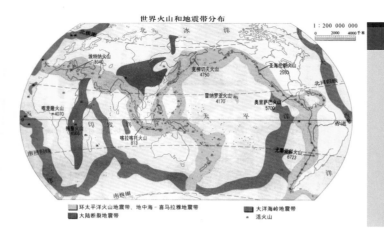

世界火山和地震带分布

1 : 200 000 000

0   2000   4000千米

世界第一大洋——太平洋。虽然他看到的只是太平洋的一个角落——巴拿马湾，却是在美洲大陆发现太平洋的第一个欧洲人。

　　太平洋位于亚洲、大洋洲、南极洲和南、北美洲之间，总轮廓近似圆形，北以白令海峡通北冰洋，西南以通过澳大利亚塔斯马尼亚岛东南角的经线与印度洋分界，东南以通过南美洲南端合恩角的经线与大西洋分界，总面积近 18000 万平方千米，是地球上四大洋中最大、最深和岛屿最多的洋，其中马里亚纳海沟深达 11034 米，是已知世界海洋最深点。

　　太平洋之名与葡萄牙探险家麦哲伦的环球航行有关。1520 年 11 月 28 日，麦哲伦率 3 艘帆船驶出麦哲伦海峡，进入"大南海"，满怀希望搜索东方香料群岛。"大南海"实在太大了，船队航行了整整 3 个月，时间也从 1520 年进入 1521 年，却始终只见海天茫茫。饥饿开始威胁这支远航探险的船队，霉变的面包吃完后，船员们只好捉老鼠，啃硬牛皮，甚至吃木屑。由于长期缺乏新鲜食物，许多船员得了坏血病，牙齿脱落，难以站立，数十人因此而丧生。

　　幸运的是，一连 3 个月，浩瀚的"大南海"都相当平静，没有大风大浪的威胁，与大西洋的恶浪滔天截然不同。温暖的气候，和煦的阳光，让8月以来一直在寒风中哆嗦的船员们兴奋不已。麦哲伦和船员们额手称庆，一致称赞这个让船队太平航行的海洋为 El Mar Pacific，意思就是"平稳的大海"，汉译为太平洋。

从此，"太平洋"的名称就一直沿用至今。有许多人以为"太平洋"又广又大，因此将它误写成"大平洋"。如果仔细探究地名起源，就会发现两者的意义完全不同。

国家地理原始海洋计划：已完成科考的海域

● 已完成科考的海域　　● 保护区

德雷克：
是他让英国称霸海洋 300 年
（1577）

　　弗朗西斯·德雷克，英国航海家，一生充满传奇：在西班牙人眼里，他是恶名昭著的海盗；英国人则视之为保护神，是名留千古的英雄。他更是在麦哲伦之后，英国第一位完成环游世界的探险家，并在地图上永远刻下自己的名字——德雷克海峡。

　　16 世纪是西班牙人和葡萄牙人海上称霸的时代，但其他欧洲国家并不服气，英国女王伊丽莎白一世就支持英国海盗袭击西班牙船队，其中最著名的海盗叫德雷克（约 1543—1596）。

　　1577 年 12 月 13 日，德雷克在女王伊丽莎白一世的资助下，率领 160 多人，乘三艘武装海盗船和两艘补给船离开普利茅斯，开始他生平最大的一次冒险——到美洲太平洋沿岸袭击西班牙殖民地，劫掠西班牙人的运金船。

　　他们先沿着非洲西岸南行，然后穿过大西洋，于 1578 年 4 月到达巴西海岸。在这里，德雷克抛弃了两艘补给船，处决了企图动摇军心、

↑ 1596 年，德雷克在最后一次出征西印度群岛时染热病身亡，海葬于巴拿马海域。

阻挠继续航行的叛逆者，以坚定航行者的决心。6 月，德雷克船队来到圣胡利安湾，8 月 21 日进入麦哲伦海峡。自从 50 多年前麦哲伦第一次穿过此海峡，西班牙水手一直把这里视为畏途，再没人穿过。德雷克指挥船队，通过 16 天奋战，终于穿过麦哲伦海峡，驶进太平洋。

之后遭遇风暴袭击，一艘海盗船沉没，一艘海盗船折回英国，只剩下德雷克指挥的"金鹿"号被风暴刮到火地岛的南部。自从麦哲伦海峡被发现以来，人们一直认为海峡以南的火地岛就是传说中的南方大陆的一角，但此时呈现在德雷克面前的竟是一片汪洋大海。

德雷克被这意外的发现惊呆了，显然火地岛不是大陆的一角，而是一个岛，南面则是无边无际的大洋。他兴奋地宣布："传说中的南方大陆是不存在的，即使存在，也一定是在南方更寒冷的地方。"直到今天，南美洲与南极洲之间的这片广阔水域人称"德雷克海峡"，这是德雷克对地理探险的一大贡献。

风暴平息后，德雷克就在南美洲西岸大肆劫掠西班牙运金船。1579 年 7 月，"金鹿"号横渡太平洋，先后到达帕劳群岛、菲律

➡德雷克成为历史上继麦哲伦后，第二个完成环球航行的探险家，也是第一位环航世界的英国船长。

科学天下 新视界
湖南科学技术出版社

改变世界的航海

Voyage
that changed the world

[美]彼德·奥顿/著 付广军/译

发现之旅带来的不仅是荣耀，也会有厄运。但是海洋永远吸引着他们去完成人类最伟大的征服。

>>> 从古代腓尼基航海家到今天大洋深处的探险者，包括巴塞罗缪·迪亚斯和达伽马的航行、第一次环球航行、热纳西斯·德雷克驾驶"金鹿"号的经历、戏笑生活中惊奇、竞争家的故事、"五月花"号航行记、库克船长绘制太平洋海图的故事、无畏的水手、冒险家和海盗为了金钱财宝改变着自己遭到敌袭而航行在大海上。他们改变了世界，也揭开了新大陆的面纱。

宾群岛、马六甲和苏拉威西。虽然不止一次触礁，但"金鹿"号终于穿过印度洋，于1580年6月绕过好望角。9月26日，"金鹿"号回到阔别已久的英国普利茅斯港，历时2年10个月，完成了震惊欧洲的环球航行。

作为海盗兼航海家，德雷克不仅带回了数以吨计的黄金白银，更重要的是，他为英国在海洋上进行扩张、同西班牙和葡萄牙争夺殖民地开辟了一条新路，大大促进了英国航海业的发展。

↑ 海盗船"金鹿"号"复活"面世。

1588年，德雷克还参与指挥英国舰队，击溃西班牙"无敌舰队"。可以说，德雷克以非凡的勇气和智慧，改变了英国乃至世界的命运，把英国从一个弱国带入"日不落"帝国的轨道，使英国称霸海洋前后长达300年。

魂归巴伦支海：
一个海上马车夫的故事
（1597）

16 世纪末，百折不挠的荷兰航海家巴伦支先后三次率船队寻找东北航道，创下了那个时代欧洲探险深入北极海区的航程之最，几乎到达了北极圈。尽管巴伦支的探索没有取得任何经济效益，但它成为人类征服北极的一次勇敢尝试。

地理学家认为，从大西洋通向太平洋，除了走南美洲南端的麦哲伦海峡外，也可以穿过北极海区，因为这是最短的航路。这条最短的航路可以有两种走法：一条是沿着北美洲北海岸走，叫西北航道；另一条是沿着欧亚大陆北海岸走，叫东北航道。

↑ 威廉·巴伦支（1550—1597），荷兰探险家、航海家，生活在荷兰拥有海上霸权、被称为"海上马车夫"的时代。

1548 年，供职于英国海军的卡伯特在伦敦成立了"商人探险协会"，开始组织探险活动，寻找沿着欧亚大陆北海岸到达亚洲的"东北航道"。由于北极海域风暴

◀ 1996 年荷兰为纪念航海家威廉·巴伦支发行的 50 欧元精制银币。

77

↑《新地岛》电影剧照。

肆虐，浮冰挤压，早期的东北航道开拓者几乎全都在北冰洋死于非命。

1594 年 6 月，被称为"海上马车夫"的荷兰派出一支由 4 艘船组成的探险队，向北极海进发，旨在寻找从大西洋通向太平洋的东北航道。探险队的第一艘船，就是由 44 岁的阿姆斯特丹人威廉·巴伦支指挥的。

由于巴伦支在第一次探险中取得优异的成绩，1595 年 8 月荷兰政府旋即组建了第二支探险队，由 7 艘船组成，巴伦支被任命为探险队的主舵手兼一艘船的船长，但第二次探险一无所获。

巴伦支没有灰心丧气。1596 年 6 月，当荷兰装备了两艘船，组成新的探险队时，巴伦支又挺身而出，自愿担任其中一艘船的领航员，开始他第三次也是最后一次冒险远航的征程。

1596 年 6 月 19 日，船队发现了北纬 80°的一群岛屿，巴伦支看

TIPS

1876 年，英国人加德纳在新地岛那座倒塌的小屋废墟里，找到巴伦支写下的十分完整的探险报告和极为准确的海图，这无疑是一份非常珍贵的历史文献。

地图上标注：利夫德尔峡湾　东北地岛　朗伊尔城　巴伦支堡　林奈角　西斯匹次卑尔根岛　霍普岛

A:"克诺斯佩"基地
B:"努斯鲍姆"基地
C:"十字架骑士"基地
D:"击剑"基地
★ 物资仓库

见岛上山势峥嵘，重峦叠嶂，就形象地将其命名为"斯匹次卑尔根"，荷兰语意为"尖峭的山岭"。

世界最北端的"鬼城"。巴伦支首次将这片群岛绘入地图，为其命名"斯匹次卑尔根"，意为"尖峭的山岭"。

附近海面挤满令人生畏的浮冰和大小冰山，巴伦支指挥航船小心翼翼地在浮冰和冰山之间航行，不敢有丝毫的松懈，终于在 8 月 19 日到达新地岛的东北海角。

由于北极的冬季已经来临，8 月 26 日他们被迫停泊在新地岛北岸一个满是冰雪的"冰港"上。船员们从伤痕累累的船上把一部分货物、航海器具和风帆搬到岸上，用木桨和小船改造成一座长 7.8 米、宽 5.5 米的小屋，再用从船上拆下的木板在小屋四周筑成一圈围墙。这是欧洲人在北极海的第一个越冬地。

长达 10 个月的冬天，由于异常寒冷和长期吃不到新鲜食物，船员们大多患上坏血病。在 1597 年春季到来之前，17 个越冬人员中，已有两人死去，另有两人病入膏肓，其中一个就是巴伦支。

春季来临，熬过严冬的船员们将两只备用的小帆船整修一番，准备逃生。临行前，巴伦支把此次探险情况写成报告，放在越冬小屋的炉灶旁，然后率众离开这个可怕的越冬地。

经过 6 天的搏斗，在到达北纬 77° 附近"冰角"以外的海面时，重病缠身的巴伦支停止了呼吸。船员们都为失去探险队主心骨和真诚的朋友悲痛不已，他们把巴伦支的遗体葬入大海，让他魂归北冰洋的边缘海中。这天是 1597 年 6 月 20 日。

为纪念巴伦支，从 19 世纪中叶起，人们把位于斯匹次卑尔根群岛（现称斯瓦尔巴群岛）南面这个埋葬他的大海，命名为"巴伦支海"。

《新地岛》海报，影片讲述了荷兰航海探险家威廉·巴伦支（Willem Barents）于 1596 年在北冰洋撞上浮冰、遭遇海难的传奇故事。

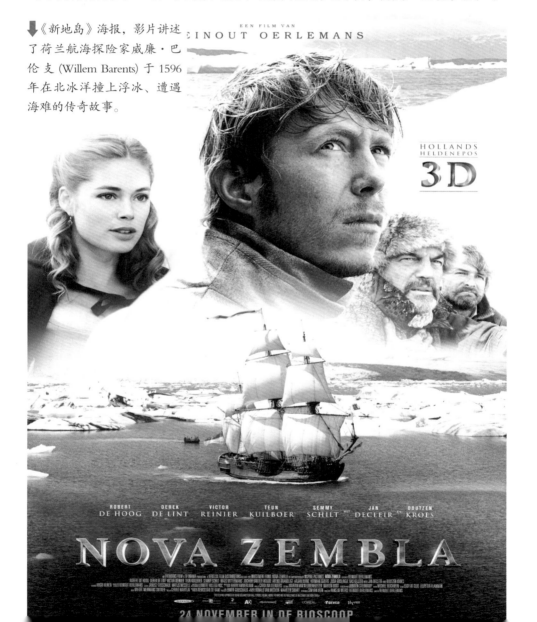

倒霉船长哈得孙：
加拿大沿海地名多与他有关
（1610）

在北美洲的探险中，英国人充当了绝对的主角。北美洲海岸的大量发现，很多都以发现者命名，其中 17 世纪初的英国航海探险家亨利·哈得孙，就是获得世界地理发现史上不朽荣誉的杰出代表。

17 世纪初，英国人继续探索西北航道和东北航道。为此，亨利·哈得孙进行了 4 次远航探险。

第一次远航，哈得孙乘一艘排水量约 80 吨的"豪普威尔"号探险船，想直接穿过北冰洋前往日本。

他从泰晤士河出发，穿过冰岛附近的海面到达格陵兰海岸，然后沿格陵兰东部海岸向北航行，在到达北纬 73° 时遇到一个海角。因哈得孙最早到达这里，后人把该海角命名为"哈得孙地"。

再向北航行，到达北纬 80° 时，他们发现了西斯匹次卑尔根岛。7 月中旬，航行到人类有史以来到达的最高纬度 80° 23′ 后，探险船因为遇到一个不可逾越的浮冰区而被迫返航，9 月中旬回到英国。哈

得孙的第一次远航，未能找到新航路。

次年，即 1608 年 4 月，哈得孙率探险船沿挪威海岸北上，也就是沿东北航道行进。由于北方高纬度地区气候恶劣等因素，探险船无法绕过新地岛向东驶进喀拉海，结果哈得孙又两手空空地回到英国。

1609 年 3 月 25 日，哈得孙再次出航，从荷兰出发寻找东北航道。他先是向北进发，到达北纬 72° 进入巴伦支海，却遭坚冰阻拦，不得不转向西南航行，渡过大西洋，7 月驶抵北美大陆东北部的新斯科舍海岸。

哈得孙接着向南航行，不久到达今美国纽约港。他虽然没能在那里找到通往太平洋的海峡，却发现并进入一条大河，沿河上行了200 多千米，后来这条大河被命名为"哈得孙河"。哈得孙确信在此无法找到通往太平洋的西北航道，便于 11 月返回欧洲，结束了他的第三次远航。

为了寻找西北航道,英国西印度公司为哈得孙提供了一艘"发现"

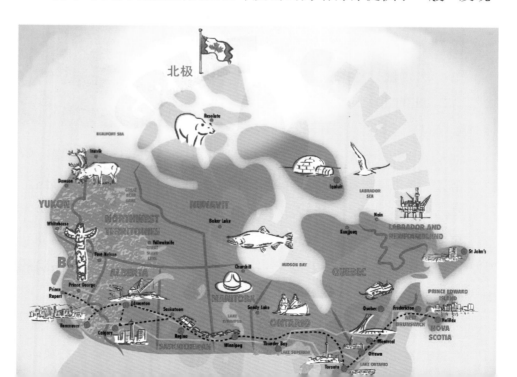

TIPS

哈得孙湾，伸入加拿大东北部内陆的海湾，东北经哈得孙海峡与大西洋相通，面积约82万平方千米，是世界上第二大开阔形海湾，仅次于孟加拉湾。

号探险船，排水量55吨。1610年5月，哈得孙开始了他的第四次远航，也是他的最后一次远航。

这次他率"发现"号一路北上，5月末到达冰岛，然后驶向格陵兰，最后总算绕过格陵兰岛向西航行。6月24日，哈得孙在今加拿大拉布拉多半岛北端与巴芬岛之间，进入一个新发现的海峡，后来该海峡被命名为"哈得孙海峡"。

8月，"发现"号通过这个海峡，绕过一个海角，经今天的福克斯海峡南部，向西南进入一片开阔水域。这里景色壮丽，水面辽阔。哈得孙把这片水域命名为"上帝慈悲湾"。后来，这片水域由于是哈得孙最早发现，便被命名为"哈得孙湾"。

进入哈得孙湾后不久，冬季来临，"发现"号被海冰冻住，哈得孙和船员在这个海湾底部的詹姆斯湾，度过了一个痛苦的寒冬。

第二年春天来到，天气转暖，冰消雪融。哈得孙想继续探索哈得孙湾的其他部分，部分船员反对哈得孙继续寻找航道，密谋叛变。1611年6月12日，部分船员哗变，将哈得孙及其小儿子以及7位拥护他的船员，驱赶到一艘无动力小艇上，投入辽阔的冰海中，让其自由漂泊，听天由命。从此，这位航海探险家消失在大海湾中，再未出现过。

024

"没人"：
古人的海洋潜水活动
（1637）

清朝小说《镜花缘》中已有"海女"，即潜水姑娘。在中国古代，潜水甚至成为一种职业，干这行的人被称为"没人"。虽然"没人"的活动范围仅限于十几米深的浅海，主要是采集珍珠、珊瑚等，但他们毕竟代表人类迈出了直下"龙宫"探险的第一步。

知道吗？大约在五六千年以前，生活在中国沿海的贝丘人，就开始与神秘的大海打交道了。当时一些贝丘人已具有相当的潜水本领，能下潜至水下几米甚至更深处，采集岩礁缝隙中的鲍鱼。干这一行的人，在中国古代被称为"没人"，"没"即潜水。

早在公元前3500年，古代中国人就非常珍视珍珠，之后以珍珠为宝的记载屡见于史书。明代时，中国南海沿岸潜水采珠已相当盛行：潜水采珠人不仅要具备勇敢顽强的精神，还要有一套硬功夫——能在两分钟内不换气，同时承受水下几十米的巨大压力。

明末学者宋应星在1634至1637年间编纂的《天工开物》，是一部全面介绍中国古代农业和手工业的生产技术及经验，并附有大量插图的百科全书，书中这样记载"没人"采集珍珠——

采珠船比一般渔船圆而宽，船上装载有许多草垫子。每当经过有漩涡的水面时，就把草垫子抛下去，这样采珠船便能安全通过。被称为"没人"的采珠人，在船上先用一根长绳绑住腰部，然后带着篮子潜入水下采集珍珠。潜水前还要用一种锡做的"弯环空管"将口鼻罩住，并将罩子的软皮带包缠在耳项之间，以便于呼吸。

有的"没人"最深能潜到水下一百多米，将蚌捡回到篮里。如果在水下感到呼吸困难，就扯动绳子，船上的人便赶快把他拉上来，运气不好的有的会葬身水下。潜水人出水后，要立即盖上事先煮热的鸟兽毛皮织物，否则人可能会被冻死。

自 1275 年起，意大利旅行家马可·波罗仕元 17 年，在《马可·波罗游记》中首次详细讲述了古代中国的珍珠采集业。

如书中讲述珍珠渔场在马八

宋代文豪苏东坡在《日喻》一文中，记述了"没人"的真实情况："南方多没人，日与水居也。七岁而能涉，十岁而能浮，十五而能没矣。"苏东坡讲述了宋代南方人从涉水到浮水，再到潜水的游泳技能。

⬆ 马可·波罗，1292 年初离开中国，1298 年在战争中被俘，狱中口述东方见闻，由人笔录成《马可·波罗游记》。

儿和锡兰之间的海湾中，水深不过 12 米，有的地方还不到 4 米。商人们租用大小不同的船舶，并准备好铁锚，然后雇用潜水员，潜入水中拾取含有珍珠的牡蛎。潜水员将拾到的牡蛎放入绑在身上的网袋内，不断地采集，直到无法再屏住呼吸，才浮出水面。短暂休息后，他们又潜入水下采集。但这个海湾里有一种大鱼，常常伤害潜水者。

在国外，这些潜水人往往被称为"蛙人"，大多是赤条条地憋住一口气，使劲地沉到水下去，用手攀着岩石的棱角或石缝，采集海绵、鲍鱼等。

由此可见，在几千年里，人类靠屏气潜水，从事海底采集或别的工作。在与海洋争斗的漫长过程中，人们在水下停留的时间越来越长，下潜的深度也越来越大。而这一切，都是从最原始、最简单的"没人"开始的。

海错图：
一部海洋生物的科学画谱

（1698）

025

《海错图》是清朝康熙年间，由民间画家兼生物爱好者聂璜绘制的一组图谱，用生动的图片和文字，记录了他在中国沿海亲眼所见、亲耳所闻的 300 多种海洋生物。这是中国现存最早的一部关于海洋生物的科学画谱，也是一本颇具现代博物学风格的奇书。

在中国古代，以画梅兰竹菊、人物花鸟而闻名于世的画家很多，但能够把自己的全部创作精力与艺术生涯投入到海错画创作中并且有所成就的画家甚少，而《海错图》的作者聂璜，就是这样一位画师。

聂璜是钱塘（今浙江杭州）人，生卒年不详，擅长工笔重彩博物画。他也是一位生物学爱好者，云游各地时在中国南部海滨地区停留很久，一直对沿海生物非常感兴趣。苦于自古以来都没有

TIPS

300 多年后，《博物》杂志编辑张辰亮以《海错图笔记》一书，与聂璜之间进行了一场海洋生物科普的跨时空"对谈"。书中包含 30 篇海洋生物探查笔记、50 余张清代古书原版图、200 余张物种照片。海错：谓海中产物，种类复杂众多。后泛称海味。

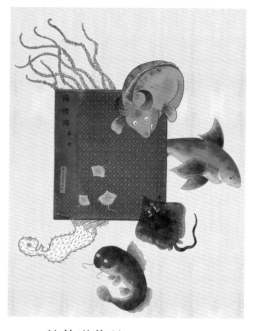

海洋生物的相关图谱流传，聂璜决定自己画一本。每看到水族生物，他就把它画下来，并翻阅群书进行考证，还询问当地渔民，以验证真伪。经过几十年的积累，聂璜于清朝康熙三十七年（1698），将其游历东南海滨所见的鱼、虾、贝、蟹等现实生物和传说中的水族生物绘图成册，这就是《海错图》，也是他唯一的传世作品。

《海错图》共有四册，描绘了371种海洋生物：第一册主要描述鱼虎、河豚、飞鱼、带鱼等海洋鱼类，以及鳄鱼、海蛇；第二册主要收录远洋深海鱼类，如鲨鱼类中的青头鲨、剑鲨、锯鲨、梅花鲨、潜龙鲨、黄昏鲨、犁头鲨、白鲨、猫鲨、鼠鲨、虎鲨等，还包括海豹、海驴、海獭、海马、海蚕、海蜈蚣、海蜘蛛等；第三册收录了珠蚌、马蹄蛏、剑蛏、巨蚶等具有硬壳的软体动物，紫菜、海藻、鹿角菜等海中植物以及海龟，并且提到鱼类和鸟类相互变化的例子；第四册中的物种相对单纯，现身画中的鲨、螺、贝、蟹、虾都具备带有甲壳的特色，产地包括澎湖、连江、闽中，甚至远到琉球、吕宋。

这部《海错图》图文并茂，根据生物体量比例，各种生物在画页中错落排布，笔触细腻鲜明，独具匠心。除了栩栩如生的海物图画，书中还有作者对每一种生物、物产所作的细致入微的观察、考证与描述；既有对生物产地、习性、外貌特征、烹饪方式的记述，也有很多东南沿海一带的民间传说故事；每篇文字长短不一，但均以一首朗朗上口的赞诗作为小结，读来令人兴致盎然。在生物学意义上，这是中国现存最早的一部关于海洋生物的科学画谱。

画入《海错图》中的生物，除了真正产自海中的，还混杂了生长在海滨或淡水中的物种。除了大量鱼类，图册中还画有鳄鱼、海蛇等爬行动物，海獭、海狗等海洋哺乳动物，昆布、鹿角菜等海洋植物。《海错图》以写实为主，全面细致地表现了光怪陆离的水族世界，在中国画坛上可谓空前绝后。

相比《山海经》描绘想象中的生物，《海错图》还是较为写实的，但也有讹误之处：一些生物聂璜并未亲眼见过，而是根据别人的描述绘制，外形难免失真；一些关于生物习性的记载，也是真假混杂。比如，《海错图》里的"人鱼"，鱼以人名，手足俱全，现实中是不存在的；海豚虽然画得很像，但是多画了两个后肢，而海豚只有两个前肢。

虽然在现代人眼中，聂璜《海错图》所描绘的内容未必完全正确，表现手法也显稚拙，并且带有一些迷信色彩，但这部画谱以图文形式保存了当时的大量传说与奇闻，是目前已知最为丰富多彩的古代水中物产的综合绘本，也体现了聂璜开拓进取的探索精神。

塞尔科克孤岛生存：
《鲁滨孙漂流记》的主角原型

（1704）

　　读过《鲁滨孙漂流记》，有人肯定会问：鲁滨孙确有其人吗？他赖以栖身的荒岛在什么地方？告诉你，鲁滨孙的"原型"是苏格兰水手亚历山大·塞尔科克，塞尔科克生活的那个荒岛，1966年被智利政府正式命名为鲁滨孙岛。

　　1704年2月8日下午，从航行在胡安·费尔南德斯群岛附近的"五港"号放下一只小艇，朝着马萨·福埃拉岛划去。小艇上只有一个人，他就是"五港"号水手长、苏格兰籍海员塞尔科克。他随身带了几件衣服、一只床垫、一支枪和一点弹药，还有一些工具、餐具和几本书。

　　原来，"五港"号船长斯特拉德林和塞尔科克两人不和，在一次激烈的争吵之后，塞尔科克一气之下，决定在马萨·福埃拉岛上岸。

　　好在马萨·福埃拉岛并非寸草不生的荒岛，山羊、鱼虾和许多可吃的植物为塞尔科克提供了足够的食物。四年后的一天，伍德·罗

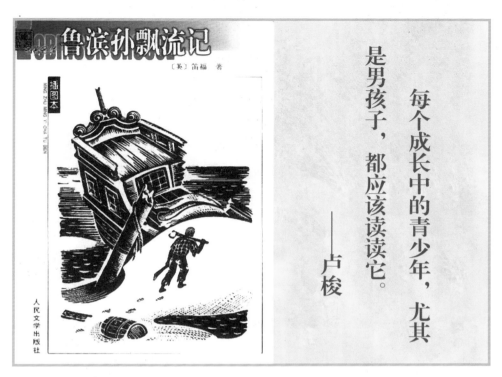

鲁滨孙飘流记

〔英〕笛福 著

插图本

人民文学出版社

每个成长中的青少年，尤其是男孩子，都应该读读它。

——卢梭

⬆ 那些在孤岛上努力生存的人们的感人事迹，既给笛福提供了创作的素材，也为《鲁滨孙漂流记》受到广泛的关注和欢迎创造了社会条件。

吉士指挥"公爵"号因临时避风来到这座荒岛，船员们上岸带回一个身着羊皮、披头散发的"野人"，他就是塞尔科克。就这样，塞尔科克跟着"公爵"号回到伦敦。

塞尔科克的孤岛经历深深打动了作家丹尼尔·笛福，他以塞尔科克为原型，写出他的第一部小说《鲁滨孙漂流记》。之所以给书中的主人公取名鲁滨孙，笛福是为了纪念一位叫鲁滨的印度水手。1681年，鲁滨在遇难后漂流到马萨·福埃拉岛，在那里居住了4年，最后死在岛上。英文中鲁滨孙的含义，就是鲁滨的儿子。

鲁滨孙乐观、积极的人生态度，以及荒岛上各种险恶复杂的环境引人入胜。历史上是否真有其人呢？英国作家苏阿米撰写的《塞尔科克的孤岛——一个真实而奇特的鲁滨孙·克罗索》，因被认为是"传记文学中最具可读性的作品"而荣获2001年度传记作品类的惠特布雷文学奖。

电影《鲁滨孙漂流记》，1996 年由美国乔治·米勒执导。

CAST AWAY

THEMES.RU

根据苏阿米的记述，塞尔科克 1676 年生于苏格兰东部城市法夫。年轻的塞尔科克，并非像鲁滨孙那样为了实现环游世界的理想而离开家乡，他只是因为热衷于投身当时的海上寻金热，便放弃继承父亲的制鞋和硝皮生意，一心出海寻金捞钱。

1704 年，塞尔科克在探险船上与船长发生争执，结果被单独流放到一座小岛上，位于现在智利西面 580 千米处的胡安·费尔南德斯群岛中。塞尔科克在岛上度过了 52 个月，终于被一艘打算上岛寻找食物和水源的船只发现并送返原居住地。1721 年，塞尔科克在非洲西岸旅行中患登革热死去。

笛福 1719 年出版长篇小说《鲁滨孙漂流记》后，塞尔科克生活的这座荒岛，在 1966 年被智利政府正式命名为鲁滨孙岛，并被辟为国家公园。公园尽量保持当初"鲁滨孙"的生活特色，因而成为一个具有传奇色彩的旅游胜地。在鲁滨孙岛附近，还有一个以鲁滨孙人物原型命名的塞尔科克岛。

白令海峡探险：
悲壮的死亡之旅
（1741）

1724 年 12 月，海洋探险家维特斯·白令被俄国彼得大帝任命为堪察加探险队队长，从此走上十分艰难的探险之路。由于白令在北太平洋及北极海域进行过广泛探险，这些地方的很多地理实体后来都以白令命名，其中最著名也最重要的，便是白令海和白令海峡。

维特斯·白令是丹麦人，1704 年成为俄国海军中尉，俄文名字叫伊凡·伊凡诺维奇。20 年后，他被俄国彼得大帝任命为堪察加探险队队长，目的是探查西伯利亚是否和北美大陆相连。

在堪察加半岛建成一艘探险船后，探

⬆ 维特斯·白令（1681—1741），与俄国航海家奇利可夫组织了两次堪察加探险队。

TIPS

人们为了纪念白令，他进行过探险活动的那个广大海域，有很多地理实体以"白令"命名，最著名的是白令海和白令海峡。而探明亚洲和北美洲之间海峡的存在，以及亚洲与北美洲的互不相连，是白令最大的地理发现，人们就把位于亚洲和美洲之间的这个海峡命名为"白令海峡"。

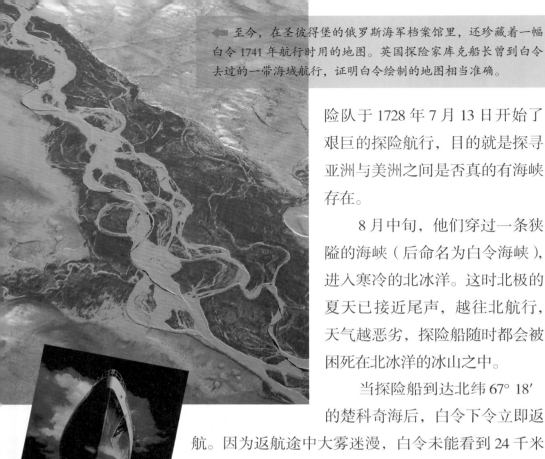

至今，在圣彼得堡的俄罗斯海军档案馆里，还珍藏着一幅白令 1741 年航行时用的地图。英国探险家库克船长曾到白令去过的一带海域航行，证明白令绘制的地图相当准确。

险队于 1728 年 7 月 13 日开始了艰巨的探险航行，目的就是探寻亚洲与美洲之间是否真的有海峡存在。

8 月中旬，他们穿过一条狭隘的海峡（后命名为白令海峡），进入寒冷的北冰洋。这时北极的夏天已接近尾声，越往北航行，天气越恶劣，探险船随时都会被困死在北冰洋的冰山之中。

当探险船到达北纬 67° 18′ 的楚科奇海后，白令下令立即返航。因为返航途中大雾迷漫，白令未能看到 24 千米外的北美大陆。探险船实际上是在两个大陆之间航行，不过没看见美洲海岸线，所以不能确定探险船航行在海峡上。

翌年夏天，白令再次出航探险，但这年夏天来得迟却去得早，探险船队没开出多远，就被成群的冰山挡了回来。白令虽然没看到北美洲海岸，但凭他多年的航海经验断定，西伯利亚和美洲是不相连的。

幽灵船。

1740 年，白令拟订了一个更广泛、更大胆的探险计划，即大北方计划，包括 7 次特派航行，任务是寻找和确定美洲海岸线的位置，绘制北美洲和西伯利亚极北地区的海岸线图。

1741 年 5 月 29 日，年已六十的白令率领"圣彼得"号及"圣巴维尔"号再次扬帆出海，寻找探险家从未发现过的美洲西北海岸。

　　1741 年 6 月 20 日，两艘船在一场风暴中失散，再未取得联系。7 月 17 日，白令指挥"圣彼得"号抵达今天的阿拉斯加凯阿克岛，终于看到了远处阿拉斯加高达 5500 米的圣埃利亚斯火山。白令凭直觉感到眼前就是美洲土地，并在航海日志中记下所发现的一些重要迹象，又对美洲沿岸进行了仔细考察和测绘。

　　"圣彼得"号沿着海岸线绕阿拉斯加湾环航一周后，灾难不期而至：8 月，坏血病开始在船上蔓延，一下子就病倒了 21 名船员，白令本人也一病不起。9 月，白令下令返航。由于几乎每天都有船员病倒或死亡，"圣彼得"号在大海上随风漂流，最终停靠在一个没有任何标记、遍布荒丘的小岛岸边。这个岛，就是后人命名的白令岛。

　　"圣彼得"号触礁了，探险队被困在一个严寒荒凉的陌生地方，处境十分悲惨，不断有人死去。虽然搜集到一些含抗坏血酸的植物，并猎捕海獭、狐狸、海狮和海牛充饥，但死亡人数仍有增无减。白令早已衰弱得不能站立，只好躺在地洞中，用沙子盖住身体。

　　1741 年 12 月 8 日凌晨，伟大的探险家白令去世，被船员们埋葬在岛上。直到 250 年以后，丹麦考古学家才找到这位探险英雄的遗骨。

　　几十年以后，人们才逐渐认识到白令领导的这次北太平洋探险的真正价值和重大意义。白令不仅完成了对西伯利亚及北极海域的科学考察，开辟了一条通往新大陆的新航线，还绘制了西伯利亚、北美太平洋沿岸的地图，他以坚韧不拔的意志和惊人的毅力，完成了海洋探险史上的壮举。

库克船长：
澄清地理大发现的遗留问题

（1768）

　　从 15 世纪开始的远洋探险，不少探险家一次次横越太平洋，都与"南方大陆"失之交臂，只留下含混不清、互相矛盾的远洋探险报告。澄清地理大发现的遗留问题，并为海洋科学作出巨大贡献的，当首推 18 世纪英国海洋探险家詹姆斯·库克，史称"库克船长"。

　　1728 年 11 月 7 日，詹姆斯·库克出身于英国约克郡一个贫苦的农民家庭。他少年时代便一心想当海员，1755 年英法战争爆发，库克自愿参加了皇家海军，并因"天赋和能力"受到赏识，从此专门从事海洋测量。1763—1767 年，库克花 4 年多时间，测量了纽芬兰岛和拉布拉多半岛近海，绘制了非常精确的海洋图。

　　1768 年，英国海军和皇家学会启动了一次科学探险，旨在观测金星凌日这一罕见的天文现象。为此，得在南太平洋建一

◀ 詹姆斯·库克（1728—1779）曾三次领导探测航行，在探索新地、航海、测绘海图等方面卓有成就。

库克船长不仅是著名的海洋探险家，也是19世纪以前唯一既到过南极圈又进入了北极圈的人。1773年1月17日，库克一行在东经39°35′附近穿过了南极圈（南纬66°34′），这是人类历史上第一次越过南极圈的航行。

个观测点，需寻找一位可靠的船长。海员和科学家的完美结合，使得库克成为带领探测航行的不二人选。

早在1642年，荷兰探险家塔斯曼就发现了新西兰，并错误地以为这是"南方大陆"的北部海角。1768年7月30日，库克率"努力"号从伦敦起航，从大西洋经南美洲合恩角进入太平洋。

为寻找"南方大陆"，"努力"号在到达塔希提岛后，一直向南航行到南纬39°30′。但越往南行越波涛汹涌、气候寒冷，根本看不到大陆的影子，"努力"号不得不改变航线西行。就这样，库克船长围绕新西兰完成了一次总航程4000多千米呈8字形的航行，仔细测量了新西兰沿岸，确定了新西兰并不是大陆而是由南岛和北岛组成，纠正了塔斯曼的错误，后因此把两岛之间的海峡称为"库克海峡"。

库克又继续向西考察了一块新大陆——澳大利亚及大堡礁，并确信新几内亚同澳大利亚是分离的，因为它们之间隔着托雷斯海峡。1771年7月12日，库克结束了历时近3年的首次环球航行，给世界地图增加了8000余千米的海岸线。

库克的第二次探测航行从1772—1775年，共用了3年零16天，

↑库克船长的小屋。

完成南半球的大洋环球航行，并首次穿越南极圈。库克是继哥伦布之后在地理学上发现最多的人，可以毫不夸张地说，南半球的海陆轮廓很大部分是由他发现的。

1776年7月14日，库克率"决心"号、"发现"号开始第三次环球探测航行，从西向东经印度洋进入太平洋，探索是否存在大西洋与太平洋间的西北通道或东北通道，但未成功。探测船至白令海峡附近遇冰折回，发现了夏威夷岛。1779年2月14日，在与夏威夷岛民的冲突中，库克被棍棒打伤致死，年仅52岁。

尽管库克没有找到梦寐以求的"南方大陆"，也未能从太平洋打开通向大西洋的北方航道，但他的三次海洋探险，却澄清了地理大发现时期遗留下来的许多问题，并为新发现的太平洋几乎所有岛屿确定了精确的地理位置并绘制出海图，给人类在太平洋科学考察史留下了不朽的篇章。

制服坏血病：
海洋探险史上的一大奇迹
（1772）

　　17世纪，坏血病是一种无药可治的绝症，被称为"航海者的凶神"。不过，英国的库克船长在其第二次探测航行（1772—1775）中，虽然总航程有48000千米，途中却无一名船员因患坏血病而死亡，从而创造了海洋探险史上的一大奇迹。

　　17世纪正是欧洲航海业蒸蒸日上的时期，但坏血病却像瘟神似的缠绕着海员。在那个年代，坏血病是一种无药可治的绝症，患者从皮下出血、小便带脓、牙齿脱落发展到呼吸困难、全身疼痛，最后因大量出血而死。由于坏血病多在航海者中发生，所以又被称为"航海者的凶神"。

　　不过，在坏血病肆虐的年代也曾有过一次奇迹。1535年，英国"杰

TIPS

　　维生素C缺乏症又称"坏血病"，是一种因长期缺乏维生素C而引起的营养缺乏症。症状有牙龈、黏膜、皮肤以及身体其他部位出血和渗血，主要为血管壁受损所致。防治应多食新鲜蔬菜和水果，或服用维生素C。

克斯卡"号商船在驶向纽芬兰的航程中，船上103名海员中有100名患了坏血病，其中25人病死，活着的人亦在绝望中等待死神的降临。途中经过一岛，岛上的印第安人告诉船员一个秘方，用桧树叶煎汤喝可以治坏血病。船员们如法炮制，服后果然有效，短短6天时间坏血病症状就全部消失。

当然，这只是偶然的例子。人类真正制服坏血病，是在200多年以后，英国医生伦达和库克船长对制服坏血病贡献最大。

1768年，库克船长第一次探测航行时发现，患坏血病的多数是水手，而高级海员很少。这是什么原因呢？库克分析，高级海员能吃上昂贵的泡菜和果酱，而水手只能天天吃粗粮，也许问题就出在这里。为防止坏血病的发生，1772年第二次探测航行时，库克船长多带了泡菜。途中，库克船长不但强迫船员吃泡菜和柑橘，而且只要有条件，就坚持让海员到岸上补充新鲜蔬菜和水果，结果在此次48000千米的总航程中，没有一名船员因患坏血病而死亡，从而创造了海洋探险史上的一大奇迹。

而英国医生伦达的试验则拯救了更多的坏血病患者。早在1747年春天，伦达就从刚刚远航归来的英国海员中，选择了12名坏血病患者，分成6组，每组分别服用果子酒、矾类制剂、醋、海水、柠檬、

肉豆蔻治疗。结果，第5组的病人每天吃两只柠檬后，竟像吃了仙丹一样迅速见效，一人服用到第6天即已康复，另一人半个月后也恢复了健康，而其余各组则均不见效。于是，伦达干脆都用柠檬给其他坏血病人服用，居然同样大见神效。

原来，柠檬果实中含有丰富的维生素C，而维生素C又名抗坏血酸，是人体中不可缺少的物质。它的主要功能在于维持人体各种组织和细胞间质的生成，

TIPS

据英国海军部统计，1780年英国海军因坏血病死亡1457人，而采用伦达的建议后，1806年便骤减至1人。到1808年，坏血病便在英国海军中绝迹了。可以说，是柠檬拯救了英国海军。

并保持它们的正常生理机能。人体一旦缺乏维生素C，细胞之间的间质——胶状物就会随之缺少，细胞组织就会变脆，从而失去抵抗外力的能力。

现在，远航时患坏血病之谜已被揭开，即只要服用维生素C就可预防坏血病。在这一发现上，18世纪的伦达医生和库克船长功不可没，没有他们的试验，也许还有更多的人要付出生命的代价。

洪堡旅行：
标志着海洋探险已发生质变
（1799）

030

随着时间的推移，人类从对海洋的地理发现，转变为对海洋本身的科学研究，也就是开始注重对海洋秘密的探索，为期 5 年的美洲探险考察，让洪堡成为那个时代的第一个科学考察探险家。

英国库克船长去世 20 年后，德国派出以著名探险家和自然科学家亚历山大·洪堡为队长的探险队，于 1799 年赴中、南美洲考察，历时 5 年。

1799 年 6 月 15 日，洪堡和法国植物学家波普朗在西班牙的拉科鲁尼亚登上"皮萨罗"号炮舰，开始了海洋科学探险史上划时代的一天。

↑ 亚历山大·洪堡（1769—1859），近代地理学奠基人之一，也是一位真正的博物学家。

"皮萨罗"号停泊的第一站，是大西洋加那利群岛中的特内里费岛，洪堡在此进行了地质和植物地理学的考察。离开特内里费岛后，洪堡看见一根美洲杉木随着一股洋

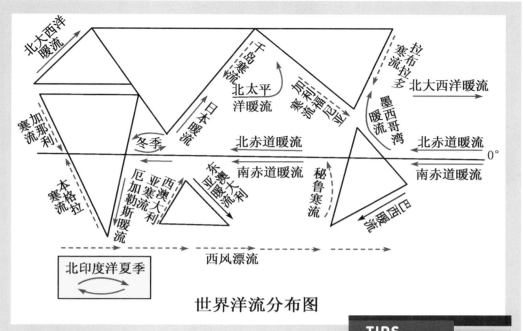

世界洋流分布图

流漂向东方，当年哥伦布也曾发现两具印第安人的尸体随洋流漂向亚速海的方向。洪堡认为，所有这些事实都说明，洋流能起到使民族作洲际迁徙的作用。

流漂向东方，当年哥伦布也曾发现两具印第安人的尸体随洋流漂向亚速海的方向。洪堡认为，所有这些事实都说明，洋流能起到使民族作洲际迁徙的作用。

在洪堡的时代，航海家们急需测量各处海面的经度，以利绘制精确的航海图。当时欧洲及北大西洋各地的经度已基本得到测定，但其他许多地方和海域还是一大片空白。为了填此空白，洪堡在"皮萨罗"号炮舰后甲板上装上六分仪和望远镜，借助月光连续观测舰位。在此后的 5 年中，不论是在美洲大陆，还是在大西洋和太平洋上，洪堡对此项工作锲而不舍，总共实测了 201 个位置的经度。

通过在后甲板上的系统观测，洪堡发现航海家手中的地图上所标注的南美洲北岸，要比实际情况偏南许多。究其原因，显然是以前的航海家们忽视了南美洲北海岸洋流的影响。那里的洋流向北流动，

TIPS

秘鲁近海有一股寒流，沿南美洲西海岸自南向北流，于南纬 4° 附近折向西行，汇入太平洋南赤道暖流。洪堡是第一个测量它的温度和流速的人，后地理学家卡尔·里特把这股洋流命名为"洪堡洋流"，现称秘鲁寒流。

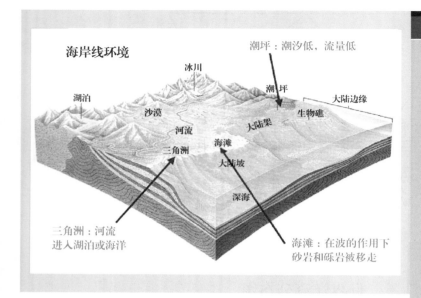

海岸线环境

冰川

潮坪：潮汐低，流量低

湖泊

沙漠

潮坪

大陆边缘

河流

大陆架

生物礁

三角洲

海滩

大陆坡

深海

三角洲：河流
进入湖泊或海洋

海滩：在波的作用下
砂岩和砾岩被移走

TIPS

**洋流对地理
环境的影响**

1. 对气候：暖流增
温增湿，寒流降温
减湿。

2. 对海洋生物：寒
暖流交汇处，往往
形成大渔场。

3. 对海洋污染：利
于污染扩散，使污
染范围扩大。

4. 对航海事业：顺
洋流航行速度快，
反之则慢。

往往使从北方驶来的船只减速，如果不使用天文方法，仅仅依靠指南针、计时器来推算距南美洲的距离，势必会造成位置误差。洪堡认为，在特立尼达岛附近存在一股向北的洋流，而航海家们根据死板的计算，认为他们处在比实际位置更南的地方。

1804 年 8 月，洪堡完成对中、南美洲历时 5 年的陆路探险和海洋考察，满怀喜悦地回到欧洲。在 1804—1827 年留居巴黎期间，洪堡用法文写成《新大陆热带地区旅行记》（30 卷），这是世界上第一部区域地理巨著。

从科学的观点说，此次洪堡无疑是"第二次发现了热带美洲"，所以又被誉为"哥伦布第二"。洪堡当时所使用的地理考察方法，不但成为 19 世纪进行科学考察的典范，洪堡本人也成为地球物理学及其他学科的创始人之一。

难怪生物进化论的创立者达尔文，把洪堡称为"迄今最伟大的科学探险家"。达尔文就是在读了洪堡的旅行记后，才下决心随"贝格尔"号进行环球海洋考察的。

富尔顿：
发明第一艘蒸汽机轮船
（1807）

031

蒸汽机轮船的出现，为人类船舶制造史揭开了崭新的一页。是谁发明了蒸汽机轮船，缩短了大洋两岸的距离，把整个世界紧密联系在一起的呢？他就是美国工程师、发明家——富尔顿。

1765年11月14日，富尔顿出身于美国一个贫苦农民家庭。他曾做过珠宝商店学徒，后醉心于绘画，还给著名的富兰克林画过肖像。

富尔顿很聪明，喜欢动脑子，特别爱问"为什么"。据说他15岁时，曾给一条小船装手摇桨叶，靠桨叶转动打水就能推动船只前进。21岁那年，富尔顿从美国前往英国伦敦学习绘画时，正赶上蒸汽机发明家瓦特50岁大寿。瓦特请他画肖像，他就此结识了瓦特和其他几位机械发明家，并开始对机械技术产生浓厚的兴趣，决心当一名工程师。

▲富尔顿。

富尔顿研究了前人失败的原因，决定制造一艘新的蒸汽动力轮船。他从模型试验到设计制造，前后经过9年的艰苦努力，终于在1803年

《纽约港湾的"耆英"号》(帆布水彩画)。

蒸汽轮船。

造出一艘长约21米、宽约2.4米的实验船。在巴黎塞纳河上试航时，虽然轰动一时，但由于船体太薄弱，又遭遇狂风袭击，最后船身断成两截沉入河底，引来许多冷嘲热讽。但这些并没有浇灭富尔顿爱好制造蒸汽轮船的热情，他带着自己的发明回到了美国，一位叫列文斯顿的富有农场主主动资助他实验。又经过数年努力，1807年富尔顿终于在美国纽约建成另一艘蒸汽动力轮船"克莱蒙特"号。

"克莱蒙特"号轮船。

1807年8月17日，"克莱蒙特"号第一次下水试航，从纽约出发，沿哈得孙河逆流而上，终点是奥尔巴尼城，由富尔顿亲自驾驶，首批乘客40余名。当天，天公作美，晴空万里，河面风平浪静，河岸上挤满了好奇的观众。富尔顿一声令下，轮船发出强烈的轰鸣，烟囱里一股浓烟冒出来，轮船两侧的"明轮"开始转动，拍打着水面，轮船缓缓出发，向240千米外的奥尔巴尼城进发。

不久，轮船出现故障，停滞不前。富尔顿马上进行修理，很快排除了故障，轮船继续以每小时4英里的速度破浪前进。在河岸边观众的一片欢呼声中，"克莱蒙特"号载着既激动又不安的乘客航行了32小时，到达奥尔巴尼城，完成了普通帆船需要航行四天四夜的里程。

首次试航成功了！它显示出蒸汽动力轮船的极大优越性，标志着船舶发展史进入一个新时代，这就是蒸汽动力代替了人力、风力，蒸汽轮船时代代替了帆船时代。从 1807 年起，蒸汽机轮船成为水上交通的主要工具，历时半个世纪，后被螺旋桨式蒸汽轮船取代。

1815 年 2 月 24 日，受人尊敬的伟大发明家富尔顿溘然长逝，终年 50 岁。就在逝世那一年，富尔顿还亲自设计制造了一艘快速艇。他一生设计制造了 17 艘轮船，其中第一艘实用蒸汽动力轮船在世界航运史上写下重要的一页，富尔顿因此被后人尊称为"轮船之父"。

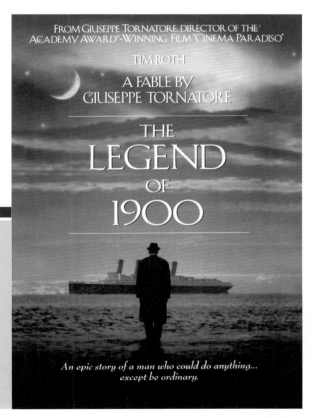

➡️ 电影《海上钢琴师》海报。

TIPS

富尔顿发明的蒸汽轮船"克莱蒙特"号长约 45 米，宽 9 米多，排水量 100 吨，船上矗立着一个粗重的大烟囱，是用蒸汽机带动"明轮"推动船只前进的。"明轮"安装在轮船两侧或船尾，形状像大车轮，桨叶转动向后击水，利用水的反作用力推动船只前进。

第一套真正的潜水服：
让人潜到水下 75 米深处

（1819）

　　早在公元前 332 年，马其顿王亚历山大就发明了第一个潜水装置，但世界上第一套真正的潜水服，是 1819 年德国炮兵中尉奥古斯特·西贝发明的。有了这种潜水服，人们在海底的活动空间就大大增加了。

　　一般的潜水员，屏气潜水的时间为 1 分钟左右，深度只有 10~15 米。随着时间的推移，人们在水下停留的时间越来越长，下潜的深度也越来越深。

　　正式载入人类潜水史册的第一个潜水器，是 1554 年意大利人塔尔奇利亚发明的木质球型潜水器，但这类潜水器只能在固定的海域作极小范围的下潜。

　　潜水服的设想出现较早。1617 年，凯斯勒曾设计出一种水中服装和空气皮袋，但没有实际使用。

　　1679 年，意大利人博雷利创制了一套潜水服，对原来那种只露出两只眼睛并装有一根通气管的头盔式潜水服进行了改进。他创制的潜水服，是一种与现代潜水服相似的密封装备，潜水服里靠气泵保持空气流通，潜水员

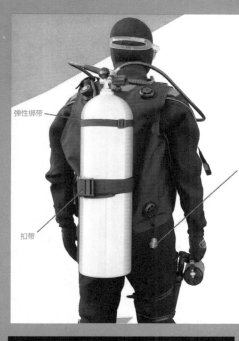

弹性绑带

浮力控制
背心背部
的泄气阀

扣带

20世纪中叶，有预言家这样预测："总有一天，人们在水下的活动将会像在陆地上一样轻松自如，非但如此，而且还将感到非常舒适。"这位预言家，就是大名鼎鼎的法国潜水探险家雅克·库斯托。

穿上它，就可以避免或减轻水下的压力。

1715 年，莱思布里奇制造出一种皮潜水服，但这种潜水服只能在 3.5 米深以内的水下使用。

1819 年，德国炮兵中尉奥古斯特·西贝发明了世界上第一套比较成功的潜水服。这套潜水服有一只铜制头盔，下接皮制垫肩，头盔上端有管线通到水面的手动气泵上，为潜水员提供呼吸用的气体，产生的废气则从衣服的下端透泄出去。这套潜水服可以让潜水者潜到水下 75 米深处，它的出现使人们在海底的活动空间大大增加了。

潜水服的发明，是人类探索海洋手段的一个质的飞跃。有了它，人们在深海活动、作业就大为方便了。当人们广泛使用头盔式潜水服的同时，各类海底探险活动便开始了。

随着潜水技术的飞速发展，潜水服的类型也日趋多样化和实用化，其中最有代表性的两种是：自携气瓶式轻潜水装具和水面供气式重潜水装具。

2006 年 8 月，美国海军蛙人丹尼尔·杰克逊身穿加拿大制造的 1000 磅重铝质潜水服（一般用于潜艇救援任务），潜入美国加州附近的太平洋海面之下 609 米，下潜深度创下世界纪录。整个潜水过程如同儒勒·凡尔纳科幻小说中描述的一样精彩。杰克逊描述了潜水过程中的特别感受："在 609 米深处，我感到头顶上的光全部熄灭了，就像夜晚的星空一样。海水中仿佛出现了磷光，大部分海洋生物也开始发光。当我返回时，头顶上光的变化就像星星坠向地面。这真是世界上最美妙的旅程。"

南极半岛的由来：
一场旷日持久的官司
（1820）

1774 年，库克船长作出南极没有任何大陆的错误结论，导致此后几十年几乎无人再到南极海域进行"毫无希望"的探险航行。1820 年，俄国航海家别林斯高晋之所以发现南极大陆，据说多亏了一只南极企鹅。

1819 年 7 月，俄国别林斯高晋中校和拉扎列夫（1788—1851）率领探险队，乘"东方"号与"和平"号两艘帆船考察南大洋，寻找西欧航海家曾数次试图发现的南极大陆。

1820 年 1 月 14 日，当他们到达南纬 69° 22′、西经 2° 15′，距南极大陆只有

↑ 别林斯高晋（1778—1852），俄国航海家。

20 千米时，海面上突然刮起强烈风暴，同时一座巨大的冰山又封住了航路，加上冬季即将来临，别林斯高晋他们被迫返回悉尼港过冬，从而与近在咫尺的南极大陆失之交臂。

1820 年 10 月，南极的夏天来临了。别林斯高晋又率探险船队向南直驶，向着库克船长未曾到过的新西兰以南高纬度冰区前进，再次进入南极圈。

　　一天，水手们在冰山上捉到一只企鹅，兴高采烈地把它宰了，想尝尝企鹅肉的味道。负责烹调的厨师在开膛时，意外地在企鹅的嗉囊里找到一颗石子。按说企鹅的潜水本领不高，不可能从很深的海底叼上石子，唯一的可能性就是附近有陆地或近岸浅海。

　　这一偶然发现给屡遭挫折的别林斯高晋以很大的鼓舞。1820 年 12 月 30 日，别林斯高晋率探险船队开进现在的别林斯高晋海，到南纬 68° 57′、西经 98° 35′ 时天气突然转晴，他们终于第一次看见一块高出海面的陆地——海岸覆有皑皑白雪，陆地上的悬崖峭壁因太陡而无法积雪，露出了黑色的岩石。

　　船员们欢呼雀跃，这可是人类第一次看到实实在在的南极陆地呀！为纪念俄国船队的奠基人彼得一世，这次发现的陆地被命名为"彼得一世岛"。

　　探险船队沿着冰缘继续航行，7 天后又发现一块被冰雪覆盖着的新陆地，上面也裸露着长长的无雪岩壁。别林斯高晋只能到达离这块陆地 50 多千米的地方，因为陆地的南面延伸部分消失了，看上去像一块巨大的陆地，于是命名为"亚历山大一世地"。

　　119 年后，人们才知道别林斯高晋发现的亚历山大一世地并不是一块大陆陆地，而是南极洲大岛，现称亚历山大岛，由火山岩组成，面积 4.325 万平方千米，由乔治六世海峡把它与南极大陆隔开。几年之后，俄国航海家科策布把别林斯高晋探险过的这片海区命名为"别林斯高晋海"。

TIPS

别林斯高晋海

南极洲边缘海，南太平洋的一部分。这里气候严寒多变，一年中强大风暴和浓雾天气达 250 天。

由于亚历山大岛是由冰架与南极半岛相连的，俄国探险队不敢断定自己"发现了南极大陆"，别林斯高晋在结束南极探险回到俄国 10 年后，才漫不经心地把他很有价值的探险报告和航海图拿去出版，结果引发一场旷日持久的官司——究竟是谁第一个发现南极大陆？

俄国人认为是别林斯高晋，美国人则说 1820 年 11 月 18 日，美国捕海豹船"哈罗"号船长帕尔默在南设得兰群岛一带清晰地看到了南极大陆的真实面貌，并将其命名为"帕尔默半岛"。

英国人坚信，英国探险家布兰斯菲尔德早在 1820 年 1 月 30 日就已发现南极半岛，并称为"布兰斯菲尔德半岛"。

三方各执一词，在缺乏定见的情况下，1964 年各国索性称它为"南极半岛"。

南极企鹅，分布范围从南非至南美洲西部岩岛及南极洲沿岸。大部分时间在水中生活，生殖时登陆。它不会飞，却能以每小时 18 千米的速度在水中遨游。据估计，南极企鹅约有几十亿只。

"贝格尔"号环球探险：
达尔文改变世界的旅行

（1831）

在 19 世纪的海洋探险中，英国海军勘探船"贝格尔"号之所以被载入史册，完全是因为它成就了一位伟大生物学家的全部事业——达尔文和他的进化论。毫无疑问，"贝格尔"号环球探险是一次改变世界的旅行。

达尔文在爱丁堡大学读书时，热衷于研究鸟和昆虫。1828—1831 年他到剑桥大学学习，兴趣仍为搜集甲虫。当时，受植物学教授亨斯洛的影响，达尔文以极大的兴趣阅读了《丰伯尔特旅行记》《赫谢尔物理入门》等书，并在毕业后以博物学家的身份，乘海军勘探船"贝格尔"号作环球旅行，时年仅 22 岁。

▲ 查理·达尔文（1809—1882），英国博物学家，进化论的奠基人。

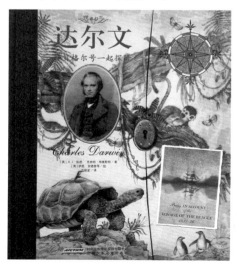

1831 年 12 月 27 日，240 吨的"贝格尔"号三桅勘探帆船驶离普利茅斯，踏上漫漫征程。正像达尔文给船长菲茨·罗伊的信中所说："这天是非常光

陈淑平○编著

影响中国最深远的西方人 名人典藏

● 查理·罗伯特·达尔文，生物学家，进化论的奠基人。他的《物种起源》是划时代的著作，提出了生物进化论学说，摧毁了神造论和物种不变论。他的理论对人类学、心理学及哲学的发展都有不容忽视的影响。恩格斯将"进化论"列为19世纪自然科学的三大发现之一。

北京日报报业集团
○同心出版社

荣的一天，是我第二个人生开始的一天。"

在历时 5 年的出海勘探中，达尔文以顽强的毅力克服重重困难，不但养成把书本知识和实际见闻结合在一起的好习惯，而且得到锻炼和成长，真正尝到观察和推理的喜悦。正因为他观察并搜集了动植物和地质等方面的大量材料，经过归纳、整理与综合分析，才形成了生

人类进化示意图

原上猿　　腊玛古猿　　南方古猿　　直立猿人　　尼安德特人　　克罗马农人

物进化的概念。

1835 年秋天，"贝格尔"号绕过合恩角进入太平洋，来到与世隔绝的天然生物王国加拉帕戈斯群岛，又称龟岛。9 月 16 日达尔文登岛考察，为在此发现了地球上首次出现的生物而激动万分，他的心里逐渐萌生出生物形态各异是在漫长岁月里渐变，物种的出现与上帝无关等想法。

在完成了对南美洲沿海的重点考察后，"贝格尔"号西进太平洋，经澳大利亚进入印度洋，过好望角再渡大西洋，于 1836 年 10 月 2 日回到英国，船上也满载 200 幅地图，以及足够达尔文再忙活 50 年的半吨多重的生物和地质标本而归。

1854 年以后，达尔文整理、研究了堆积如山的资料，并把全部精力和时间都放在写作《物种起源》一书上。1859 年 11 月 24 日，震动世界的巨著《物种起源》问世了，成为生物学史上的一个转折点。这本书在伦敦首次出售，人们便争相购买，先睹为快。第二版也很快销售一空，并很快被翻译成多国文字。

当进化论终于战胜神创论后，人们在达尔文为自己的学说奠定基石的龟岛上，竖立了一座达尔文半身铜像。

富兰克林之死：
加快了西北航道的发现

(1845.7)

1845 年 7 月底，英国伦敦街头传出一条牵动人心的消息——富兰克林北极探险队失踪了！后来的搜寻结果表明，探险队竟全部遇难，无一生还。富兰克林的北极海之行尽管以失败告终，但富兰克林之死加快了加拿大北极群岛的发现，并最终推动了西北航道的发现。

约翰·富兰克林生于 1787 年，14 岁就开始了一生中最艰苦的海军生涯。除紧张的军事训练和作战外，海上探险几乎成为他的第一爱好。1818 年，他被委任为一艘探险船的指挥官，以考察北极冰山为目的，作首次短暂的海上探险。

富兰克林。

在富兰克林的探险生涯中，第二次海上探险大概最成功，也最富传奇色彩。1821 年夏天，富兰克林一行在加拿大北极区，考察了 2200 千米的漫长海岸线，发现了巴瑟斯特海峡，立下了卓著功勋。此次探险中虽然有一连串的灾难降临——独木舟损坏了，携带的粮食吃完了，两个同伴被活活饿死，但富兰克林却大难不死，被当地的印第安人救起，奇迹般地得以康复。

1827年，富兰克林与著名绘画师乔治·温哥华一道，或步行或乘船，考察了加拿大以北的极地地带，北上直达北极圈，在人类历史上首次成功地绘制了详细的北极地图，为日后英国扩大疆域立下汗马功劳。1829年，富兰克林被册封为爵士，人称"约翰爵士"。

1844年，为揭开笼罩在北极上空的神秘面纱，实现打通北路、连接大西洋与印度洋、缩短英国与印度之间航程的梦想，英国决定再次远征北极海，探寻传说中的南北通途。年已57岁的富兰克林跃跃欲试，申请率领船队远征。北极，对他具有无穷的吸引力。

1845年5月26日，富兰克林指挥着"黑暗"号和"恐怖"号两艘探险船，以及他亲自挑选的128名探险队员，从泰晤士河起航。这是一次具有历史意义的海上探险活动。7月26日，富兰克林探险船队到达格陵兰岛附近的巴芬湾，偶遇一艘夹在浮冰中的英国捕鲸船，此后便音讯全无，神秘失踪了！

由于约翰爵士的崇高地位和贡献，英国政府设立2万英镑重奖，搜寻富兰克林探险船队。继1848年后十年间，相继派出42支探险队，从陆路、东西两条海路进入北美的北极地区，几乎探查了所有的海峡和岛屿，从而开辟了一个北极探险的新时代。可以说，富兰克林之死加快了加拿大北部群岛的发现，并最终导致西北航道的发现。

最后的搜寻结果表明，富兰克林探险队竟全部遇难，无一生还。导致这场空前灾难发生的主因，不仅是恶劣的气候，还有伪劣的食品、饥饿和浮冰的侵袭。

绝大多数船员都是因缺少食物或患了坏血病而亡，富兰克林也

➡ 探险队员遗像及遗物。

于 1847 年 6 月 11 日染病死去。1848 年 4 月 22 日，船员弃船，死亡人数为军官 9 人、船员 15 人。最后一批遇难者倒在费利克斯角和大鱼河口之间，今天人们还将大鱼河口探险队员遇难地称为"死亡湾"。

富兰克林的北极海之行尽管以失败告终，但是他的探索勇气和献身精神却让后人钦佩不已，称他是海洋探险事业的先驱者。

⬇ 今天，伦敦沃塔鲁广场的纪念碑上仍刻有：献给富兰克林——北冰洋的伟大航海者和他的勇敢同行。他们为了完成发现西北航线的事业而献身。

地球上到底有几大洋：
世界大洋最早的科学划分
（1845）

　　海洋占地球表面积约 70.8%，是全球生命支持系统的基本组成部分，也是维系人类持续发展的资源库。最早对世界大洋进行科学划分并正式给予命名的，是英国皇家地理学会。那么，世界上究竟分为几大洋呢？这里还有一段曲折而有趣的历史。

　　1845 年，英国皇家地理学会发表了大洋划分方案，把世界大洋分为五个区域，即太平洋、大西洋、印度洋、北冰洋和南大洋。同时

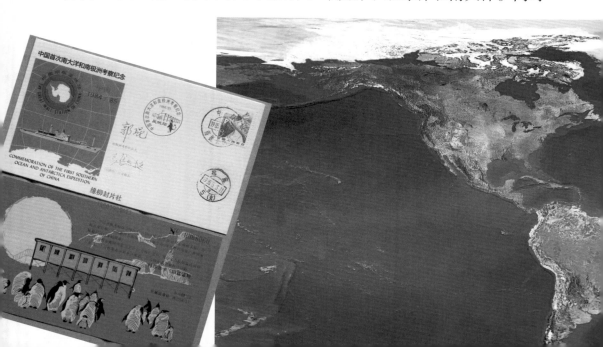

还规定南大洋以南极圈为界，北冰洋以周围大陆岸线为界，岸线中断处以横穿大西洋的北极圈为界。这对世界大洋的研究和利用，具有划时代的意义。

但这种划分并没维持很久。进入 20 世纪，有些学者建议简化，将世界大洋划分为三大洋，即太平洋、大西洋和印度洋，而把原先划出的北冰洋作为大西洋的边缘海，即"北极地中海"，南大洋则分别就近并入太平洋、大西洋和印度洋，构成三大洋的南极海域。这种三大洋划分方案为许多学者所接受，并作为研究和著书立说的基础。

但在 1928 年和 1937 年，国际水道测量局（IHB）根据海道测量和航海需要，先后两次发表了新的世界大洋划分方案，这些方案基本上又重新认可了早年英国皇家地理学会关于五大洋的划分和命名。

第二次世界大战后，情况又发生了变化，人们提出不少新的意见。于是国际水道测量局在 1953 年又发表一个取消南大洋的划分方案，并规定以赤道为界，将太平洋和大西洋都一分为二，分别称为南太平洋、北太平洋和南大西洋、北大西洋。联合国教科文组织 1967

TIPS

海底地貌一般分为大陆边缘、大洋盆地和洋中脊，而潮汐、波浪和海流是海水运动的基本形式。

年颁布的《国际海洋学资料交换手册》中采用的，就是1953年的这种划分方案。然而，这种划分方案并没有得到学术界的公认。

现在，人们最通用的世界大洋划分，既不是三大洋，也不是五大洋，而是折中的四大洋方案，即把世界大洋划分为太平洋、印度洋、大西洋和北冰洋。中国学术界一般也如此处理，无论是世界地图的绘制，还是有关地理知识的传播或理论的探讨，都取四大洋说。

之后相当长的时间里，人们把地球上的水域划分成四大洋，即太平洋、大西洋、印度洋和北冰洋，并把太平洋、印度洋、大西洋的南部边界一直划到南极洲边缘。随着南极热的兴起，人们对南大洋这一独特水域有了新的认识，并找到科学划分南大洋北界的根据。1958年2月，在首届国际南极科学研究委员会（SCAR）会议上，各国科学家一致认为，南极水域的北部边界应以"南极辐合带"为界。1980年10月，在第16届SCAR会议上，正式决定把环南极洲的水域称为"南大洋"。

这样，南大洋的总面积就有7500万平方千米，比太平洋、印度洋和大西洋小，但比北冰洋大，名列世界第四大洋。它是世界上唯一完全环绕地球而没有被任何大陆分割开来的一个大洋。

马修·莫里：
海路发现者
（1846）

马修·莫里，是死后出名的学者。他集以事实和体验为基础的海洋知识之大成，研究海洋与大气的关系，建立大气环流模式，发现墨西哥湾流。由于对当时的航海业作出了很大贡献，科学界称莫里为"海路发现者"。

发现海路并开创航道海洋学的马修·莫里，从小最喜欢地理。17岁那年，莫里加入海军，1826—1830年参加环球航行，从船长日志中搜集海风、海流资料。

1831年，莫里第一次发表科学论文《开普·合恩角的航海》，接着又发表有关天文航海测量仪器的论文。1836年，莫里整理了自己在长期航海中所取得的研究成果，完成《新理论和实地航海学纲要》一书，之后此书一直是美国海军航海学的教科书。

↑ 马修·莫里（1806—1873），美国海洋学家，近代海洋科学奠基人之一。曾加入美国海军，主管美国航海地图和航海仪器库，主持美国南部联邦海军的海岸、港口和河流防务工作。

1839年的一次马车翻车事故，让莫里从此成为一名专职人员，最早从事美国海军观测所的工作。莫里一开始从事水路部的工作，几年以后被任命为海军水道测量局的前身——海

↑ 美国海军风锚。

➡ 美国海军。

图测量仪器保管所的监督官。他从各国船员那里搜集大量关于风、海流、水温等观测记录，终于在1846年编写成《海洋气象观测报告》第一卷，使美国海军观测所一跃成为一流研究所。1848年，他又发表了世界风区图。其研究工作推动了布鲁塞尔第一届国际海洋气象会议的召开和国际水道测量局的建立。

曾经有1000多艘船舶向莫里提供在世界各个海域观测的航海日记，莫里根据这些丰富的航海资料绘制出实用海图，并于1854年发表《北大西洋水深图》，为敷设大西洋海底电缆提供必要资料。1855年，莫里出版了不朽名著《海洋自然地理学》，书名由著名地理学家亚历山大·洪堡题字。

为开辟更安全、更快、更经济的航路，不仅要增加航海的准确性、缩短航程，而且要进行科学的海洋、气象观测。由此可见，莫里是最早重视海洋与气象关系的学者。

TIPS

　　1853年，在布鲁塞尔召开的国际海洋气象学会议上，与会的16个国家一致同意：海上航行的一般船舶都要系统地进行气象和海洋的定时观测，并建立一个根据航海日记写报告的组织，以便于航海术的改良。同时也要搜集风和海流的资料，掌握它们之间的规律。

阿加西斯父子：
深海博物学家
（1847）

由于地球上所有生物的祖先都可能是栖息在海里的，对生物的这一故乡——海洋进行研究，激起了许多科学家的极大兴趣。其中，对创立美国海洋生物学作出杰出贡献的，竟是一对性格迥异的父子——路易斯·阿加西斯和亚历山大·阿加西斯。

路易斯·阿加西斯1807年生于瑞士，先后在苏黎世、海德堡、慕尼黑的大学读过书并十分爱好鱼类学。1826年，瑞士动物学家范·马尔求斯在大量搜集巴西淡水鱼标本时，把标本的分类工作委托给不到20岁的阿加西斯，结果3年后阿加西斯就写出很像样的报告。

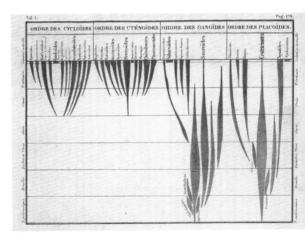

↑ 阿加西斯早年绘制的分支图，发表于1844年，这张图代表了鱼类的家谱。

之后，阿加西斯一直从事欧洲淡水鱼的研究，同时也不放过对化石鱼的探讨。1847年，美国海岸测量局邀请阿加西斯一起进行海洋调查，他开始钻研海洋生物，为美国海洋生物学的发展播下了良种。

1859年达尔文《物种起源》的出版，也轰动了海洋学界。这个

↑ 阿加西斯的私人画家雅克·布克哈特画的两条丽鱼科热带鱼，它们是在 1865 年至 1866 年的巴西泰勒探险中搜集的。

时期的海洋学概念，进一步扩展到用进化论的观点去探索化石生物和现代生物的关系，并对所有生物的故乡——海洋进行研究，它激起了阿加西斯极大的兴趣。

1865 年和 1870 年，阿加西斯带着儿子亚历山大，乘海岸警备队的船只对巴西—西印度群岛近海一带进行深海测量和采样调查。1871 年，阿加西斯乘海岸测量局新造的蒸汽轮船"哈斯勒"号，从麦哲伦海峡到南美洲西岸进行了测量和生物标本采集。1872 年，他在佛罗里达—旧金山之间的整个美国南部沿岸进行采样调查。从底栖动物标本中，阿加西斯发现了化石型动物，并对这些资料进行总结。

亚历山大的性格与父亲不同，他既热情奔放，是众人的表率，又是温柔的学究，不愿在公众中出名。除了根据观测和实验能得出确切的结论以外，他概不轻率地发表议论。少年时代随父亲一同航海时，亚历山大晕船很厉害，但他很快就习惯了海上生活。1877 年，亚历山大乘"布莱克"

奇幻海底的冒险之旅

深海探奇

Disney · NATURE

号前往加勒比海、墨西哥湾进行第一次大航海，取得的成就是难以估量的。从1877—1905年，为调查热带海的珊瑚礁和进行深海测量，亚历山大总共航行了10万海里。

特别是1904—1905年，亚历山大以70岁高龄，乘美国水产厅"信天翁"号，进行了太平洋、大西洋、加勒比海的生物调查，还采集了日本近海的底栖生物。在一次从3220米深处的取样中，仅此一次所取得的深海鱼，就比英国"挑战者"号在整个航海过程中取得的还要多。

1911年，英国近代海洋学的开拓者约翰·默里，为纪念他的美国朋友亚历山大，设置了亚历山大·阿加西斯金质奖章，由美国科学院发布，专门授予那些有独创成就的海洋学者。

神奇的"海洋疗法"：
让海水为人类服务

039

（ 1867 ）

　　医学专家发现，海水不仅有奇特的治病功效，而且不同海域的海水能治不同的病。除了海水有益于人体，海水以外的海藻、海泥、海沙等对人体也大有好处。现在"海洋疗法"已扩展成"海洋综合疗法"，大海为人类的身心健康开辟了一条崭新的途径。

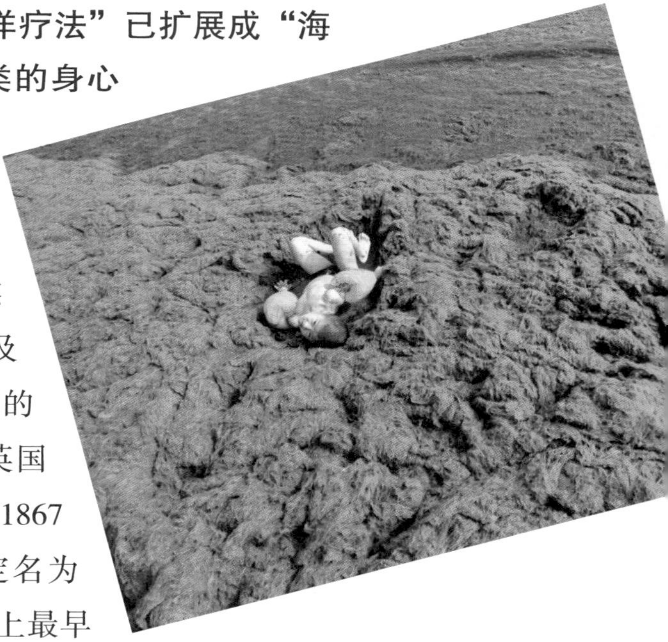

　　海水浴的历史十分悠久，《旧约全书》里就有埃及人用海水沐浴的记载。近代的海水浴，是从 18 世纪中叶英国医生拉塞尔的倡议开始的，1867 年法国医生阿尔克隆将此定名为"海洋疗法"，因为不仅地球上最早的生命诞生在原始海洋里，而且由它分化出来的各大门类生物，也几乎都是在海洋中起源和发展的。

　　20 世纪 60 年代，以法国为中心再度掀起"海洋疗法"的热潮。根据法国卫生部的定义，所谓"海洋疗法"，就是把海水、海边的空气和海边的气候结合起来起到治疗作用的疗法。因此，"海洋疗法"不仅可以让你浸泡在海水中，而且经常逗留在海边环境优美的地方，以恢复身体特有的自然治愈力为最大目的。

海水浴疗医学专家则认为，海水中溶解了从盐类到微量元素的各种物质，哪一种对人体均是不可缺少的。在海水中，人的皮肤如同海绵，一点一点地吸收碘、矿物盐和其他一些人体必需的微量元素，这是海水浴疗能治病的重要原因。科学分析测定，海水中所含的对人体有利的矿物质，比淡水中要多得多，除了含有钠、溴、硼、砷、氟等化学元素以外，还含有某些放射性元素和多种抗菌物质。

海洋中的浮游生物，含有许多生物活性物质，这些物质可以不断地向外排泄，并长时间地混合在海水里。比如海藻体内含有惊人的金属微量元素，其含量往往是陆地高等动物的数十倍，而且这些物质极为有益：当人体浸入海水时，便由毛孔渗入体内，使细胞内的无机物得到平衡，同时又激发细胞，使其更加活跃。

129

海水浴疗医学专家还发现，海水不仅有奇特的治病功效，而且不同海域的海水能治疗不同的疾病。比如：地中海的海水中含有较多的镁，镁能消炎、祛痛，可治疗风湿病。风湿病患者每天在24℃以上的地中海海水中泡2小时，3周后便见效。北海的海水能活跃植物神经系统，促进新陈代谢，可治疗疲倦及抑郁症。身体疲倦的人在北海海水中泡2小时，即可恢复体力；抑郁症患者每天泡2小时，坚持1周即可恢复健康。死海的海水含盐量较高，能把皮肤上的炎症洗掉，身上鳞屑自行分解脱落。牛皮癣患者只要在死海中坚持4周海水浴，可以治愈牛皮癣。

现在，人们逐渐认识到，不仅仅海水有益人体，海水以外的许多东西，如海藻、海泥、海沙等对人体也大有好处，这样的"海洋疗法"已扩展成"海洋综合疗法"。

显而易见，未来的大海不仅为人类提供了充足的生物资源，而且也为人类的身心健康开辟了一条崭新的途径。

海底两万里：
现代科幻小说之父的惊人预见
（1869）

"他既是科学家中的文学家，又是文学家中的科学家。"这是对儒勒·凡尔纳恰如其分的评价。他的代表作《海底两万里》描绘了人们在大海里种种惊险的奇遇，许多科学家都坦言，自己是受到凡尔纳的启迪，才走上科学探索之路的。

凡尔纳被誉为"现代科幻小说之父"，他的大部分作品都收录于总题为"在已知和未知世界中的奇异旅行"系列作品集，其中《格兰特船长的儿女》《海底两万里》和《神秘岛》被称为"凡尔纳三部曲"。

《海底两万里》是"凡尔纳三部曲"的第二部。全书共2卷47章，于1869年3月至1870年6月连载于法国《教育与娱乐杂志》。故事并不复杂：1866年，海上发现一只疑为独角鲸的大怪物，法国生物学家

↑ 凡尔纳（1828—1905），法国小说家。他创作的科幻小说不但故事生动，而且许多预想为后来的科学发展所证实。

　　阿龙纳斯及仆人康塞尔受邀参加追捕，在追捕过程中不幸落水，到了怪物的脊背上。阿龙纳斯发现，大怪物并非独角鲸，而是一艘名为"鹦鹉螺"号的潜艇，船长尼摩是不明国籍的神秘人物。他在荒岛上秘密建造的这艘潜艇，不仅异常坚固，而且结构巧妙，能够利用海洋来提供能源。

　　尼摩船长邀阿龙纳斯做海底两万里的环球旅行：他们从太平洋出发，经过珊瑚岛、印度洋、红海，进入地中海、大西洋，再到南极海域、大西洋、北冰洋，目睹许多罕见的海生动植物和水中的奇异景象，经历了搁浅、土著围攻、同鲨鱼搏斗、冰山封路、章鱼袭击等许多险情。最后，当潜艇到达挪威海岸时，阿龙纳斯不辞而别，回到家乡。

其中，最让人称道的是凡尔纳小说丰富的科学性——包含各种各样的科学知识，与探险、旅行、奇人、地球上丰富多彩的自然界联系在一起。读凡尔纳的科幻小说，仿佛是和他一起历险，一切都感同身受、近在眼前。更让人称奇的是，绝大部分关于自然环境的描述虽然来自凡尔纳的想象，却描写得细致入微、清晰可见。

凡尔纳科幻小说的惊人预见性更出类拔萃——他大胆并科学地预测了许多后来完全实现了的东西，如直升机、潜艇、人类进入太空、电子广告、霓虹灯、电子计算机等等。难怪一位法国名人说："现代科学只不过是将凡尔纳的预言付诸实践的过程而已。"

凡尔纳在为世界各地读者塑造了一群科学勇士和先驱者形象的同时，自己也当之无愧地被看作是科幻小说的先驱，影响着一代又一代人。许多科学家，如潜水艇发明者西蒙·莱克、深海探险家奥古斯特·皮卡德，甚至是大科学家爱因斯坦，都坦言自己是受到凡尔纳的启迪，才走上科学探索之路的。

➡凡尔纳科幻小说插图。

"挑战者"号环球考察：
近代海洋科学考察的开端

（1872.12.7）

历时 3 年半，航程 68890 海里，英国"挑战者"号进行了除北冰洋以外的世界各大洋综合考察。这是世界上第一次环球海洋科学考察，为现代海洋学的发展奠定了牢固的基础。

19 世纪 60 年代，关于深海方面的知识还极其贫乏。同时，铺设海底电缆也需要大洋底的详细资料。英国皇家学会为此作出决议："尽早在环球航行探险中，进行深海物理学、生物学的考察。"

1872 年 12 月 7 日，一艘英国战舰改装成的调查船"挑战者"号从普利茅斯港出发，开始了历时 3 年半的环球海洋科学考察。

▲ "挑战者"号实验室，内有工作台、显微镜、瓶架与挂起来风干的鸟皮。

"挑战者"号长 68 米，排水量 2306 吨，依靠风帆和蒸汽轮机的动力推进，并备有 11000 米的测深缆和约 7315 米的取样缆。舰长为富有测量经验的优秀军官内厄斯上尉，42 岁的著名海洋学家汤姆森被任命为调查队队长。"挑战者"号上的科学家，都是在海洋科学上

1872 年 12 月初，英国皇家学会的科学界重要人物和探险队的科学家们在"挑战者"号上合影。

作出开创性贡献的人物，比如其中有海洋地质学家约翰·默里、物理化学家布坎南、海洋生物学家莫斯利和威廉默斯·苏姆。

"挑战者"号的环球海洋科学考察，一方面是由于当时对深海方面的知识还相当贫乏，另一方面也与 19 世纪海洋学家的一场争论有关，那就是：深海底是否有生物存在?

不少海洋学家曾断言，海水压力使任何生物都无法在深海生存。英国海洋生物学创始人爱德华·福布斯在 1840 年出版的《海星类研究》一书中，按照不同的深度将爱琴海分成 8 个带，并指出：深度越大，生物越少，550 米以下海底无生物带。

担任"挑战者"号调查队队长的汤姆森，则坚信深海生物的存在。"挑战者"号上的科学家利用浚渫器和拉网，在超过 5800 米的深海中发现了无数海洋生物，其中至少有一半是人类以前从未见过的：他们所发现的 1000 种甲壳类，占当时已知甲壳类的 1/4；收集到 4000 多种放射虫，90% 是新种；在深海底的泥土中还发现了有蠕虫的粘土……这一切都无可辩驳地说明，即使在海洋的最深处，也栖息着从最低级动物直到鱼类的大量生物。

科学家经测量还发现，栖息在深海的生物承受着巨大的水压：在大约 1830 米水深处，每平方英寸承受 1 吨的压力；在大约 9150 米深处，每平方英寸则承受 5 吨的压力。而深海生物之所以能够承受，原因在于渗透压的作用使其体内外的压力达到均衡。

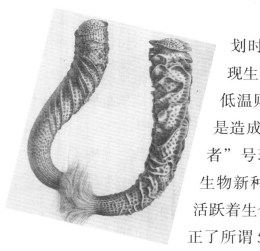

↑ 两个阿氏偕老同穴——相当漂亮的两个海绵标本。

科学家们据此得出令人吃惊也是划时代的结论：在任何深海都可以发现生物，其动物种类的数量也很多，而低温则被证实不会影响生物的生存，只是造成深海生物种类的不同罢了。"挑战者"号环球考察共发现了4700多种海洋生物新种，探知了从海面到深海底到处都活跃着生命，从而澄清了不少传统偏见，纠正了所谓550米以下海底无生物带的错误观点，令人耳目一新。

1876年5月26日，"挑战者"号历尽艰险，完成了海洋学史上前所未有的科学探险壮举，这也是人类历史上首次综合性海洋科学考察。3年半总航程68890海里，遍历除北冰洋外的所有大洋，抵达除南极洲外的各大洲，在362个站位上进行水文观测，在492个站位上进行深度测量，在133个站位上进行深水拖网，并编制了第一幅世界大洋沉积物分布图，采集到深海珍稀动物7000件，发现了4700多种海洋生物新种，还提供了关于表层到深海底的海洋动物学方面的全新知识。

"挑战者"号航海归来20年间，英国爱丁堡不但成为海洋研究的中心，也成为世界海洋生物学家的圣地。这些调查获得的全部资料和样品，经科学家多年的整理分析和悉心研究，后来出版了50卷、3000多幅插图、29500页之多的科学专著《英国"挑战者"号调查船航行科学成果报告》，被后世誉为海洋学的"圣经"！

↑ 米切尔画的正在穿越浮冰的"挑战者"号。

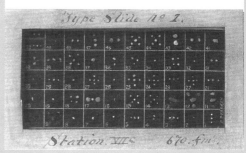

↑ 除了"挑战者"号的拖网和拉网捕获的多细胞动物外，还发现了大量单细胞生物，其中许多是前所未见的新种。这些微小的标本，被一个个放在玻璃片上。

↑ "挑战者"号科学考察发现的动物标本图像，这是出没在深海至中层水域的黑伞水母。

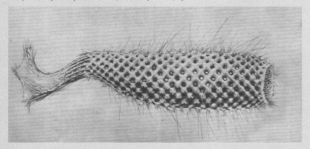

↑ 怀尔德笔下的玻璃海绵，可能是偕老同穴属的海绵。

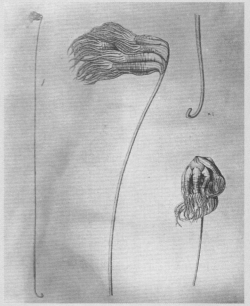

↑ 怀尔德画的深海海鳃，它被命名为汤姆森伞形珊瑚，以表扬"挑战者"号调查队队长汤姆森。

诺登舍尔德：
北冰洋东北航道开拓者
（1879）

自 16 世纪中叶英国人开始探索东北航道起，探险家们前仆后继，上演了一幕幕船毁人亡的悲剧。326 年以后，幸运之神终于向一位北极探险家招手了——1879 年，诺登舍尔德率领"维加"号首次开辟了北冰洋航道，在人类探险史上谱写了辉煌的篇章。

从 1553 年到 1676 年，为打开从欧洲通往亚洲的"东北航道"，英国和荷兰向北冰洋进行冒险航海达 20 次之多，才历经重重艰难险阻到达喀拉海。由于气候恶劣和冰山的威胁，北冰洋探险屡屡受阻。航海家们都认为，喀拉海以东海域冰山重重、难以航行。此后很长一段时间，再没人敢向东北航道挑战。

直到 19 世纪下半叶，西欧再次

↑ 诺登舍尔德（1832—1901），瑞典国家博物馆馆长和矿物学教授。图为诺登舍尔德站在冰上，身后是"维加"号。

掀起北极探险热，瑞典富商奥斯卡·迪克森出资装备一艘大型帆船，

➡ "维加"号和"勒拿"号向切柳斯金角鸣炮致意，切柳斯金角是亚欧大陆最北端，也可能是东北航道的关键点。

并聘请生于沙皇俄国统治下的芬兰，1857年由于政治原因被流放到瑞典的知名探险家诺登舍尔德参加探险。

1875年，诺登舍尔德一行乘迪克森的大型帆船顺利穿过喀拉海，绕过亚马尔半岛，一直行进到东经80° 20′北纬75° 30′处，停泊在叶尼塞河入口处的一座小岛附近，并发现小岛对岸有优良港口。为感激奥斯卡·迪克森出资赞助此行，诺登舍尔德遂将它们分别命名为迪克森岛和迪克森港。

在广袤的海洋中，大型帆船的航速毕竟太慢，第二年诺登舍尔德租了一艘蒸汽船，并顺利抵达叶尼塞河入口处。诺登舍尔德发现，每年8月底9月初，泰梅尔半岛附近海区是无冰季节，蒸汽船来去畅通无阻，从而首次开辟了北冰洋航道。

诺登舍尔德又组建了新的探险队，开辟从欧洲横贯北冰洋进入亚洲的东北航道。探险队由两艘蒸汽船组成，较小的一艘是"勒拿"号，另一艘是载重357吨的"维加"号，船上有水手、科学家、医生共30人，由富有航海经验的帕兰德尔指挥。1878年8月10日，"维加"号和"勒拿"号从迪克森港起锚，开始了探索东北航道的新里程。

8月20日，船队绕过亚欧大陆最北端切柳斯金角后，向东南方向行驶。海水变得越来越浅，海面上的浮冰也越来越多。西北风阵阵

↑1880年"维加"号船员在那不勒斯拍摄的照片,此时他们已开通东北航道,正要回斯德哥尔摩。

吹来,两艘蒸汽船借着风力,很快航行到勒拿河河口。为了赶在封冻期之前驶出白令海峡,诺登舍尔德决定把航速较慢的"勒拿"号留在河口,自己率"维加"号全速向东挺进。

可是人算不如天算。9月28日气温骤然下降,海面很快被冰封冻住。"维加"号被冻结在科柳钦湾附近的海面上动弹不得时,离白令海峡的杰日尼奥夫角只有200千米的路程。面对封冻的坚冰,"维加"号全体船员只得忍受着难以想象的严寒和风暴袭击达9个多月之久。

1879年7月18日,被封冻了近10个月的海面开始解冻,船员们欢欣雀跃,张帆起锚。"维加"号犁开海浪,驶向白令海峡。很快,大家梦寐以求的目标出现在正前方。当"维加"号穿过白令海峡,船上礼炮齐鸣,以纪念这个终生难忘的日子。

特别值得一提的是,诺登舍尔德率领的"维加"号,不仅完成了沟通欧亚两大洲的航行,而且船员无一伤亡,船体完整无损,这不能不说是人类海洋探险史上的一个奇迹。

亚特兰蒂斯：
追踪沉入海底的古文明
（1882）

　　相传深邃的大西洋底有一个沉没的国家，就是亚特兰蒂斯，又称大西国。古希腊哲学家柏拉图那段介于传说与历史之间的文字记载，究竟是消逝的人类史前文明真相，还是古埃及老祭司留下的精彩神话？

　　最早记载亚特兰蒂斯的是古希腊哲学家柏拉图。大约在公元前 360 年，柏拉图在其著名的对话中，记录了古埃及老祭司讲述的亚特兰蒂斯故事：在昔日人称"海格力斯擎天柱"的直布罗陀海峡的海面上，即在西班牙和摩洛哥海岸之间，横展着一块叫亚特兰蒂斯的陆地，由一座大岛和一系列小岛组成。这里有世界上最肥沃的土地和丰富的水资源，还有异常温和的气候，城中遍布花园，到处是用红、白、黑三种颜色大理石建造的寺庙、圆形剧场、斗兽场、公共浴池等高大建筑物，是一个高度文明的帝国。柏拉图认为是一场强烈的地震和随之而来的大洪水，使亚特兰蒂斯大约于公元前 9600 年沉没到海洋深处。

2000 多年来，亚特兰蒂斯之谜吸引了众多地理学家、历史学家、人类学家、考古学家、神学家、哲学家们的研究兴趣并展开充分想象，对于这座"失落之城"的寻找跨越了整个地球。随着时间的推移，越来越多的科学发现，使亚特兰蒂斯这块消失了的陆地逐渐摆脱神话色彩，成为历史中更引人入胜的事实。

1665 年，第一次提出亚特兰蒂斯遗迹位于大西洋的亚速尔群岛和加那利群岛的，是一位名叫阿塔那斯·柯切尔的神甫。之后，法国地质学家皮埃尔·泰尔米埃对大西洋诸岛特别是亚速尔群岛进行了深入的考察和研究，发现这些岛屿的特点与柏拉图所描写的完全相符。此外，生物学、人类学和人种学也不断提供新的证据，证明从前在旧大陆同新大陆之间确实存在着一座"桥梁"。

1882 年，美国边缘科学家唐纳利将自己潜心十几年的研究成果出版成书——《亚特兰蒂斯——太古的世界》，立即引起轰动，被后世公认为亚特兰蒂斯学真正经典的著作，他本人也因此被称为"科学性的亚特兰蒂斯学之父"。

唐纳利坚信亚特兰蒂斯确实存在过，并认为它是人类第一个从野蛮走向文明的地区，古埃及有可能是亚特兰蒂斯人最早的殖民地，因为古埃及文明基本上就是亚特兰蒂斯文明的翻版。

据唐纳利分析，亚特兰蒂斯在一次巨大的自然灾害中灰飞烟灭，整座岛屿沉入海底，整个民族几乎灭绝。一小部分幸存者乘小船和木筏逃了出来，他们带着可怕的灾难消息散落到世界各地，这些消息最终演变成"大洪水"的神话。亚特兰蒂斯有许多高大的尖锥体建筑，那是世界各地的金字塔的源头。

唐纳利之后的100余年来，世界各地的诸多发现，给地球上曾经存在过高度文明的亚特兰蒂斯之说提供了各种证据。如今，越来越多的研究者认为，希腊的圣托里尼岛曾经是亚特兰蒂斯。2016年的最新科学研究也认为，公元前1500年，圣托里尼岛一场毁灭性的火山喷发引发巨大海啸，摧毁了亚特兰蒂斯文明。有证据表明，当时克里特岛附近几个位置的海浪高度至少有9米，最终将亚特兰蒂斯沉没于海底。

亚特兰蒂斯，一座至今虚实难辨的千古谜城，应该是古人留给我们最有价值的历史记录之一。今天，人类还在继续探索关于它的一切……

摩纳哥大公阿尔贝一世：深海海洋学的培育者

044

（1891）

位于法国东南地中海沿岸的摩纳哥虽是小国，却是名副其实的南欧海洋研究中心。摩纳哥之所以能在海洋学上大放异彩，正是因为摩纳哥大公阿尔贝一世不但是海洋学的保护者，而且是海洋学研究的先驱，对国际海洋调查事业和深海海洋学的研究作出了卓越贡献。

阿尔贝 18 岁开始航海生涯，曾先后加入西班牙海军和法国海军，多年的海洋军旅生活使他更痴迷于海洋。22 岁接触到刚刚兴起的海洋学，阿尔贝就表现出惊人的天赋，之后他不仅发明了许多先进的探测仪器，还不遗余力地发展海洋事业——购买先进的考察船出

海远航，自 1885 年直至 1922 年
去世，他领导和参加了 28 次远
洋考察，搜集了无数海洋生物
标本。

　　1889 年继承王位后，阿
尔贝一世发现了无数深海动物的新
种，并推进了对鲸饵料的研究，最突出的是证实了抹香鲸
的饵料主要是乌贼。为了进行深海生物的研究，阿尔贝首先调查了北

阿尔贝一世，1889至1922年在位，业余海洋学家和科学赞助人。1873年买下"燕子"号考察船后，对地中海进行了为期多年的科学考察。

大西洋的表层海流，测定水温和盐度，考察这些自然条件对各种海洋动物分布的影响，以了解环境的重要作用。为测定表层海流，阿尔贝一世采用投放测流标（木筒或普通玻璃瓶）的方法进行海流调查。根据回收报告，阿尔贝绘制了海水的推测流径，确定北大西洋存在着顺时针方向的环流，并重新绘制出《北大西洋表层海流图》。

1919年，阿尔贝一世研究了第一次世界大战漂浮水雷的漂流路径，并向全世界宣布：在北大西洋，漂浮水雷投入后，至少在四年内将是航海的危险障碍物。

表层海流的研究告一段落后，阿尔贝一世又把精力转到深海测深方面。最初测深采用的是把深海铅锤拴在麻绳上的落后方法，后来改用钢丝，最后使用钢缆。1891年，阿尔贝一世设计了自制的测深机，一个人便可控制钢缆的卷扬。他引用各国在探险过程中取得的比较可靠的测深值，绘制了比例为一千万分之一的《世界大洋水深图》，由摩纳哥出版，国际水道测量会议总部称之为"摩纳哥海图"。这幅海图实际上是一幅绘有等深线的世界大洋水深图，并确定了世界大洋海区的名称和海底地形的名称，它的出版对世界海洋学的发展有着卓越的贡献。

为了纪念阿尔贝的功绩，摩纳哥政府设立了大公阿尔贝一世纪念奖，授予法国和其他国家的著名海洋学家。

诺贝尔奖得主南森博士：
首次证实北极区是深海盆的人
（1895）

北极到底是陆地还是海洋？直到 19 世纪，人类对北极仍知之甚少。一位探险家历史性的北极漂流，使他成为世界上第一个证实北极不是陆地是海洋的人，并且是第一个验证北冰洋存在极地洋流的人，也是当时北极探险中离北极点最近的人。他就是挪威探险家——诺贝尔奖得主南森博士。

地理大发现过去了 300 多年，人们对北极仍知之甚少，科学家们还在争论：北极到底是陆地还是海洋？

27 岁时，南森成为人类史上第一个以雪橇成功穿越格陵兰岛

↑ 南森（1861—1930），挪威北极探险家、海洋学家、政治活动家。1910—1914 年，对北大西洋与北冰洋作过三次考察。因长期从事遣俘和救济国际难民工作，获 1922 年诺贝尔和平奖。

冰盖的勇士。而早在 4 年前的 1884 年 11 月，挪威一家报纸刊出惊人消息——有人在格陵兰岛的西南沿海，发现 3 年前沉没在西伯利亚近海的"珍妮"号残骸——引起南森的极大兴趣。他认为，既然在西伯利亚近海遇难的船只，若干年后漂到 3200 千米外的格陵兰岛沿海，

说明北极的冰层下面一定是海洋，而且这个海洋中还一定存在一股洋流，从西伯利亚海岸穿过北极流向格陵兰。

1890年2月，南森向挪威地理学会提出大胆的探险计划：造一艘特殊的船，让其在西伯利亚以东的北冰洋上封冻，然后随洋流向北漂越北极，整个探险航程约需2至5年。南森认为此举如果成功，必将极大地增进人类对北冰洋和广大北极地区的了解。

1893年6月24日，在一片指责和反对声中，南森率领12名由他亲自挑选的探险队员，乘坐他苦心设计的特殊的北极考察船"前进"号，从挪威奥斯陆扬帆起航，开始了著名的北极探险。

"前进"号绕过挪威北端，向东驶向北极海域，在浮冰群中迂回了几个星期后掉头向北，勇敢地向北极点驶去。9月24日，纷至沓来的浮冰将"前进"号封冻在冰面上。此地位于北纬78° 30′处，距

⬆封冻在冰面上的"前进"号。

↑ 1894 年 7 月 12 日，南森使用特制的仪器测量深水温度。

➡ 南森（中）等在"前进"号的后甲板上休息，他们正试图随浮冰漂流到北极。

离北极 1300 千米。漫长的极夜已经降临，气温急剧下降，"前进"号与外界完全断绝了联系。现在，探险队员们只有耐心等待洋流把他们漂送到北极。

直到 1894 年 1 月，"前进"号才开始向格陵兰岛漂浮。冬去夏来，漂流了 18 个月的"前进"号于 1895 年 3 月随浮冰漂流到北纬 84° 海域。这里距北极 600 千米，已是北极探险史上最远的地方，南森决定将探险队员留在"前进"号，只有他和海军军官约翰逊两人乘坐狗拉雪橇继续北进，准备用两个月时间步行到北极。

就在南森和约翰逊乘狗拉雪橇冲击北极点时，"前进"号又缓缓地向西北漂移，并于 1895 年 11 月 15 日漂移到离北极最近的地方——北纬 86° 50′ 东经 66° 31′。至今，"前进"号探险船依然陈列在挪威奥斯陆博物馆内。

南森虽然最后没有到达北极点，却是世界上第一个证实北极不是陆地是海洋的人，并且是第一个验证北冰洋存在由东向西流动极地洋流的人，也是当时北极探险中离北极点最近的人。

英国人柯尔登：
战胜可怕的潜水病

（1907）

柯尔登经过试验确定，12.5 米是一个界限。超过这个深度潜水就需分阶段减压，下潜越深，所需的减压时间就越长，以便让溶解在体内的中性气体充分逸出。这一发现，为人类最终战胜可怕的潜水病奠定了坚实的基础。

很早以前，在南太平洋群岛采集珍珠的潜水人中，经常会患一种怪病。这种病来得很突然，患者感到头晕、恶心、烦躁、神经麻痹，严重的甚至会死亡。

医生们发现，采集珍珠的人要潜到海面下 35 米的深处，有时竟然达到 50 米，他们认为这种怪病肯定跟潜水有关，就命名为潜水病。

医学上，潜水病又称减压病。采珠人下潜时，受到的海水压力非常大，因为水深每增加 10 米，人体受到的压力就要增加 1 个大气压。在这种情况下，空气中的氮气就会大量溶解到人体组织中。之后，如果采珠人上浮速度太快，海水压力一下子减少了，溶解在人体组织中的氮气就会在肌肉、血液、关节等处形成许多微小的气泡，从而引起关节疼痛、头疼、神经障碍、组织坏死，严重的会引起瘫痪甚至死亡。

1907 年，英国科学家柯尔登等人初步弄清了减压病的致病机理。柯尔登还发现，潜水病的发生与潜水深度相关联，一般潜水愈深，潜水病发作的机率就愈大，但存在一个安全深度。潜水深度在水深 12.5 米以内，即潜水员承受的压力不超过 2.25 个绝对大气压，即使由水下迅速出水也不会致病。实验证明，在水中，当两个不同深度的压差不超过 2.25 倍时，即使迅速上升也不会产生气泡。这种状况下，血液中受压力升高溶解的氮气不会析出，因此没有形成害人的气栓。

为了避免潜水病的危害，人们发明了减压设施，使得潜水时间和潜水深度受到严格的限制。如下潜到 90 米水深处待 1 小时，减压时间为 7.6 小时；下潜到 180 米的深处停留 4 分钟，则需花 11.5 小时减压才行。在这个问题上一点儿也马虎不得，否则后患无穷。

柯尔登之后，科学家也对减压病作了大量研究，发现用氦气代替氮气，让潜水员呼吸氦和氧的混合气体，他们的潜

水深度可达 100 米。如果让潜水员呼吸氢、氮和氧三种气体组成的混合气体，潜水的深度可达 520 至 534 米。

试验中还发现，氮气和氦气等气体在潜水过程中会逐渐溶解在人体内；随着潜水时间的增加，这些气体的含量会不断增加，但超过一定时间含量会达到饱和状态。于是，美国海军潜水生理学家邦德在 1957 年提出饱和潜水的概念，就是指潜水员在高气压下长时间暴露，体内各组织体液中所溶解的惰性气体达到完全饱和程度，即进出其体内的惰性气体量达到平衡。

为什么在深潜器已达到数千上万米深度时，还要开发应用于人类深度潜水的饱和潜水技术？原因很简单，深潜器作业的工具主要是机械手，在执行海底救援、沉船打捞、水下施工、海洋资源勘探等精细化作业方面，远远比不上潜水员的手灵活、可靠，因此只能属于补充的位置。

罗伯特·皮里：
人类第一次在北极点留下足迹
（1909.4.6）

　　直到 19 世纪末，尽管许多探险家试图到达北极点的航行都失败了，人类却在一步一步向北极点逼近，并于 1909 年 4 月 6 日完成了向北极点的最后冲刺。最终摘走北极点探险桂冠的，是美国探险家罗伯特·皮里。

　　北冰洋中一些岛屿和海峡的名称，是和英国极地航海家威廉·帕里的名字连在一起的。威廉·帕里曾于 1818 年、1819 年、1821 年及 1824 年，四次前往加拿大北部群岛探险，完成了一系列重大发现，为最终打通西北航道作出了巨大贡献。而世界上首次以到达北极中心区为目的的探险，也是由威廉·帕里于 1827 年发起和进行的。

　　进入 20 世纪后，人类向北极点进军的动机开始发生明显的变化——不再把它仅仅看作寻觅到达东方捷径的手段，而是当作一种体育竞赛和冒险精神的竞争。

　　而完成最后冲刺的主角罗伯特·皮里，其冲击北极点的远大抱负在他还没见过冰山之前就已形成了。1891 年 6 月，皮里和爱妻约瑟芬一行共 6 人乘坐"凯特"号起航，完成了第二次格陵兰探险，不但获得了雪橇旅行的经验，还学会了因纽特人的生存方式。更重要的是，在此次穿越格陵兰冰盖的危险而又艰巨的探险旅行中，皮里发现

皮里裹着毛皮，趴在一条潮压冰脊上，通过望远镜寻找地平线。

　　　　　　　　　了格陵兰岛北岸，从而证实格陵兰岛并不与北极相连，它是一个面积很大的海岛。

　　这一发现让皮里获得了极高的荣誉。次年，他又发现了格陵兰岛北部的一个大半岛，后人称为"皮里地"。1893—1895 年的第三次格陵兰岛探险失败，让皮里认识到由格陵兰岛去北极是行不通的。他决定改变战略，到更北的埃尔斯米尔岛上建立基地，然后向北极进军。在格陵兰岛最北端，皮里细心观察了洋面上的冰山和浮冰，他相信如果能有预备队交替支援，也许可以直取北极点。

　　虽然在之后的北极探险中，因冻伤切掉了 7 个脚趾，1908 年 6 月 6 日，年过半百的罗伯特·皮里又乘坐"罗斯福"号，开始最后一次向北极点冲击。不久，他们抵达埃尔斯米尔岛北端的哥伦比亚角，这里距北极点 760 千米。1909 年 3 月 1 日，由 24 名探险队员和 19 架狗拉雪橇组成的突击队离开营地，皮里向北极点的进军正式开始了！

　　巴特利特船长率先遣队在前

开道，乔治·布鲁波率第二突击队进行支援，皮里及其他人员紧随其后。3月底，他们到达北纬87°46′处，距北极点还有246千米。巴特利特带支援队返回营地，留在最后向北极点冲刺的是皮里、亨森和4名因纽特人。天公作美，连日晴朗，他们奋勇向前，速度极快。4月5日，他们已经到达北纬89°57′处，离北极点只有大约8千米了。皮里取出测绳，趴在冰岸上想测量这里有多深，但等2752米的绳子用尽，仍没到达洋底。

4月6日，皮里测定了方位，然后一鼓作气登上北极点。北极点没有陆地，而是结了坚冰的海洋。皮里在北极点考察了30个小时，十分激动地在这里插上一面美国星条旗，国旗一角上写着："1909年4月6日，抵达北纬90°。皮里。"这是人类第一次在北极点上留下探险者的足迹！

➡ 皮里和他的队员自称站在北极点上，对着星条旗欢呼。

征服南极点：
两位极地探险奇才的竞赛
（1911.12.14）

048

20 世纪最初的 20 年，是南极探险的全盛时期，其中分别由阿蒙森和斯科特带领的两支探险队，采用不同的路线穿越罗斯海冰层登上南极高原，先后到达南极点。从此，地球上的最大奥秘之一再也不存在了。

1899 年春，海军上尉斯科特请假回伦敦，途中偶遇搭乘过他所在军舰的克莱门特·马卡姆爵士——英国皇家地理学会会长。马卡姆告诉斯科特，皇家地理学会正准备派探险队前往南极，如果斯科特愿意，他可以为斯科特争取到探险队队长的职位。

TIPS

那些在北极和南极都探险过的人中，阿蒙森取得了最不平凡的成就：第一个驾船走通西北通道，第一个到达南极点，而且是第一个从空中俯瞰北极点的人。图为 1897—1899 年，北极探险中站在雪橇上的阿蒙森。

31 岁的斯科特意识到南极探险是一个让自己扬名的好机会，他顾不上考虑极地探险的危险，毅然向英国皇家地理学会提出了申请，并于 1900 年开始第一次南极探险，结果发现并命名了爱德华七世半岛，1904 年回到英国时已成为民族英雄。

1910 年 6 月，已是海军上尉的斯科特率"新地"号探险船从英国出发，重返南极。他此行的目的是到达人类尚未涉足的南极点，却遭遇一位强劲的竞争者——罗尔德·阿蒙森。同年 8 月 9 日，阿蒙森率"前进"号探险船从挪威出发，开始南极探险。1911 年 1 月 2 日，阿蒙森及其船员带着一个便携式庇护所和 97 条雪橇犬，抵达南极罗斯冰架的鲸湾并在那里建立了营地，命名为"弗拉姆海姆"。

1911 年 12 月 14 日位于南极点的成功探险家们，阿蒙森本人在左边。

↑ 1925 年德国发行全套 12 枚邮票，纪念阿蒙森的南极探险业绩。

↑ 阿蒙森在南极点探险中携带的挪威国旗。

阿蒙森在向南极点进军的途中设置了路标和 7 个供应库，并于 9 月 8 日进行了向南极点进军的第一次尝试，结果在 -58℃ 的低温前不得不撤退。

10 月 19 日，阿蒙森开始了冲击南极点的第二次尝试。探险队乘狗拉雪橇进发，途中曾杀掉 20 多条狗来喂养幸存的 18 条。他们向南穿过危险的裂缝，由于能见度极差，阿蒙森不得不依靠航位推算法辨别方向。让他高兴的是，12 月 8 日突然阳光出现，才知道他们已经到达南纬 88°16′。12 月 14 日下午 3 点，他们终于到达南纬 90° ——南极点，阿蒙森成为人类历史上到达南极点的第一人！

由斯科特担任队长的英国南极探险队，几乎与阿蒙森同时向南极点冲刺，但斯科特的路线难走多了，所以推进速度十分缓慢。1912 年 1 月，精疲力竭的斯科特等 5 人开始向南极点冲刺，却在离南极点不足 20 千米处看见一个阿蒙森返回时用过的营地。虽然梦想和希望

英国探险队到达南极点，他们已明白阿蒙森先到了。后排中是斯科特。

彻底破灭，斯科特等 5 人终于在 1912 年 1 月 18 日到达南极点。他们发现了阿蒙森留在那里的挪威国旗和两封信，遭受巨大打击的英国人踏上归途，长时间的劳累、饥寒、冻伤和雪盲折磨得他们日益衰弱，最后持续的暴风雪将他们封闭在帐篷里，等待死神的降临。就在生命的最后一息，斯科特仍保持着探险家、科学家的传统和品质，没有抛弃 18 千克重的植物化石、矿物标本和照片，它们成为日后人类探险南极的珍贵资料。

1912 年 3 月 29 日，斯科特在日记本上写下最后一页关于南极暴风雪的记录，之后他便与队友们在咆哮的暴风雪声中永远地睡着了。斯科特最后一个死去，他的日记见证着他坚忍的意志。

1912 年 3 月 29 日，斯科特躺在帐篷中写下的最后日记。

斯科特的帐篷，仍旧是 1912 年 11 月 12 日营救队发现它时的样子。斯科特最后一次南极探险的悲壮故事，由奥地利作家茨威格写成传记《伟大的悲剧》，影响了很多人。

"泰坦尼克"号沉没：
悲剧因冰山而发生

（ 1912.4.15 ）

　　1912 年 4 月 15 日凌晨，"泰坦尼克"号豪华客轮在其处女航途中，撞上北大西洋冰山而沉没，导致 1500 多人遇难。这幕 20 世纪最大的人间悲剧，100 多年来关于其沉没的原因众说纷纭，莫衷一是。科学家们能够解开这一世纪之谜吗？

　　1912 年 4 月 15 日凌晨，20 世纪初最大、最豪华的远洋客轮"泰坦尼克"号由英国南安普顿驶往美国纽约的处女航途中，在加拿大纽芬兰岛附近的北大西洋上因为撞上冰山而沉没，导致 1500 多人遇难。

　　100 多年来，关于"泰坦尼克"号沉没的原因众说

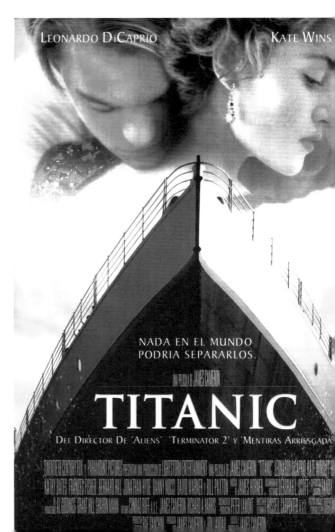

纷纭：有的说是因为船速太快，导致根本来不及避开冰山；有的称"泰坦尼克"号上使用了大量不符合质量要求的次品铆钉，导致船身钢板外壳和冰山相撞后立即开裂；还传说是"泰坦尼克"号舵手在慌乱中听错命令，转错了方向舵，从而导致"泰坦尼克"号不幸撞上冰山而沉没……

其实，冰山在极地海洋中十分常见。在冰川或冰盖（架）与大海交汇的地方，由于冰与海水的相互运动，使冰川或冰盖末端断裂入海成为冰山。冰山大多在春夏两季形成，那时较暖的天气使冰川或冰盖边缘发生断裂的速度加快。每年仅从格陵兰岛西部冰川产生的冰山就有 1 万座之多，这些冰山高可达数十米，长可达一两百米，形状各异。在风、洋流的影响下，有的冰山运动速度可达每日 44 千米。这些漂移中的巨大冰山，是海上航船潜在的威胁。

科学家研究发现，1912 年 1 月 4 日那天，地球和太阳、月球形成一条直线，而且月球距地球的"近地点"距离只有 35.6375 万千米，是 1400 年中间隔最近的距离，平时月球"近地点"约为 36.3 万千米。这一史上罕见的巨大月球引力引发异常凶猛的海潮，导致冰山裂开坠海。科学家测算发现，这些"巧合"导致那天月球对海洋潮汐的引力影响比平时至少增强了 74%，正是那天异常起伏的海洋潮汐所产生的强大冲撞和震撼，导致那座冰山脱离它所在的格陵兰岛冰川，漂向北大西洋，并最终导致"泰坦尼克"号沉没。

2012 年，研究"泰坦尼克"号多年，并出版过《101 件你以为知道关于泰坦尼克的事，但你不知道》一书的英国历史学家马尔廷提出一个新观点：1912 年 4 月 15 日那天晚上，船员之所以没有注意到巨大的冰山，是因为当时海面光线反射异常，让冰山"隐身"了。等到开到冰山面前时，想避开已为时太晚。

　　事故现场几艘德国和英国船只的航海日志，都记录了沉船附近海域气温大幅下降的情况，证明当时的天气条件能产生海市蜃楼，让冰山"消失"。另外，一些幸存者的证词也支持马尔廷的观点，特别是有些人回忆，说看到"泰坦尼克"号沉没时出现巨大的烟柱，接着变成蘑菇云，也证明空气中确实存在巨大的气压差和温度差。从当时的气象表现看，"泰坦尼克"号仿佛钻进了大自然的"捕猎区"，所有危险因素集中到一起，让它走向灭亡。

巴拿马运河：
世界七大工程奇迹之一
（1914.8.15）

巴拿马运河以其连通太平洋和大西洋闻名于世，素有"世界桥梁"的美誉，被列为"世界七大工程奇迹"之一。在地形复杂的山地雨林，在瘟疫横行的沼泽地区，在高压闷热的气候中，顽强的施工队伍经受住了丛林的严峻考验。巴拿马运河的故事传递着那个时代的精神——没有人类不可能完成的任务。

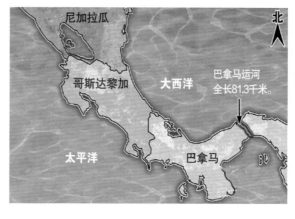

巴拿马的意思是"蝴蝶之国"，连接北美和南美大陆。它的地形很奇特，东侧是大西洋，西侧是太平洋，最狭窄的地方就是巴拿马地峡，宽度大约 80 千米。如果能打通巴拿马地峡，使两大洋相通，就可以避开南美洲南端气候诡异、巨浪滔天的麦哲伦海峡，大大地缩短航程。

1523 年，西班牙最早提出开凿巴拿马运河，不过因当时有限的技术条件和施工能力，最后只用鹅卵石铺就一条穿越巴拿马地峡的驿道。1879 年，在法国巴黎召开审查巴拿马运河问题的国际代表会议，决定由法国全面负责开凿运河。1881 年运河正式开凿，由时年 74 岁的"苏伊士运河之父"拉塞普斯挂帅亲征，耗时近 10 年，遭遇无数困难，仅挖了计划的四分之一长度就戛然而止。

1901 年，美国总统罗斯福认为修建巴拿马运河对美国的军事和经济意义都很重大，便收购了法国的运河开发权，于 1904 年任命美国著名的铁路工程师史蒂文斯挂帅，再次开凿巴拿马运河。

史蒂文斯不但熟悉工程技术，而且思想开放，敢想敢干。他先用炸药炸山，再用大型挖掘机挖土，最后用铁路把泥土运出去。运河的人工开凿段被称为盖拉德人工渠，因为当时负责监督施工的是美国陆军工程兵少校大卫·盖拉德。开凿盖拉德人工渠不但劳动力最密集，而且危险程度最高：高温高热，塌方，暴雨引发的泥石流，山体爆破所溅起的飞石……由于有丰沛的地下水与暗流，施工人员不得不持续在齐腰深的浑浊泥浆中抡动镐头与撬棍。他们还在库莱布拉山脊中开凿了山谷，用来连通加通湖和巴拿马湾，也就是大西洋和太平洋。

巴拿马运河的一个与众不同之处，就是在运河上建有船闸。原来，巴拿马运河的太平洋一侧和大西洋一侧存在着水位差，运河经过的加通湖湖面也高出海平面 26 米。如果运河上没有船闸，水位差产生的流速极快，船只在运河中航行就容易造成危险，所以要用船闸升降制造一个落差，以保障船只安全航行。

据统计，从修建巴拿马运河的法国时代到美国时代，约有 25000 人死于修建过程。这项庞大的跨世纪工程，历经 33 年时间，彰显出

TIPS

运河及其沿岸宽 16.09 千米、面积 1432 平方千米的地带，被划为巴拿马运河区。美国曾拥有对巴拿马运河区的永久租借权。根据 1977 年美、巴签订的新约，1999 年 12 月 31 日，巴拿马收回运河区全部主权和运河管理权。

巴拿马运河100年

位于中美洲巴拿巴共和国中部。

是沟通太平洋和大西洋的国际运河。

凿通巴拿马地峡，全长 81.3 千米。

一部运河通行史

1523 年	西班牙国王查理一世明确提出开凿一条中美洲运河的主张。
1879 年	法国洋际运河工程总公司得到开凿运河的租让权，开始积极筹备运河工程。
1881 年	正式开凿巴拿马运河。
1889 年	法国洋际运河公司山穷水尽，工程宣告失败。
1903 年	11月18日，美国决定接手，与巴拿马签订"美巴条约"。
1904—1914 年	建造梯级水闸式运河。
1914 年	8月15日 运河完成了试航。
1920 年	6月12日 运河正式通航。
1971 年	运河完成扩建。
1977 年	9月7日 巴拿马和美国签订新条约，规定废除1903年的"美巴条约"。
1999 年	12月31日，巴拿马和美国签订的新条约期满，巴拿马全部承担对运河的管理和防护。
2006 年	10月运河扩建举行全民公投，超78%的投票者支持运河扩建。
2007 年	运河扩建工程正式开工。
2014 年	巴拿马运河纪念通航100周年 长427米、宽55米、深18.3米的第三套船闸现身。
2016 年	6月26日 巴拿马运河拓宽工程举行竣工启用仪式。

闸门与船室设计

蓄水池式的设计能够让充填船室的水重新再利用，不再需要建水坝储水。

嘎顿湖
船室
闸门屋
闸门
水管，把水导向船室
太平洋入口
水闸双向阀

运河通行路线

加勒比海
大西洋
嘎顿水闸
嘎顿湖
大西洋新建水闸
大西洋端（一座船闸，共三层）
巴拿马
库来布拉河道
嘎顿湖-库来布拉河道 拓宽，加深
佩德罗米洛尔水闸
米拉弗洛水闸
太平洋新建水闸
米拉弗洛湖
太平洋

大西洋
嘎顿湖
南美洲
北美洲
巴拿马运河
太平洋

梯级运河这样航行

船在船闸中被提升26米
船进入嘎顿湖（人工筑坝拦截查葛里河形成）
降到海拔16.5米进入米拉弗洛湖
降到海平面高度
佩德罗米洛尔船闸
米拉弗洛船闸
太平洋端（两座船闸）

▶ 每座船闸都是成对的，可以双行。
▶ 船只在船闸中由轨道牵引机牵引行动。

运河关键数字

$ **花费** 历年总建造成本 6.39 亿美元（折合当今币值约 143 亿美元）扩建总预算 52.5 亿美元。

土石量 共挖掘 2.59 亿立方米土石量，为预估的 3.5 倍，并用了 450 万立方米混凝土。

水位 两端各有水闸 3 座，升降调节水位 26 米。

通行时间 10 小时。

通行费 平均每艘船 13430 美元。

货运量 承载全世界 5% 贸易货运量。

现有船室 新船室
426.7米
305米
32.3米
54.9米

现有最大规格的"巴拿巴级船"
长 289.56 米
宽 32.31 米
深 12.04 米（在热带淡水中）

未来的"巴拿巴级船"
长 366 米
宽 54.9 米
深 14 米（在热带淡水中）

MAERSK LINE

人类的智慧、力量以及科技创新，最终造就了全球最具战略意义的人工水道，被誉为世界七大工程奇迹之一。

这条沟通太平洋和大西洋的国际运河，全长 81.3 千米，两端各有水闸 3 座，升降调节水位 26 米。它 1881 年起开凿，1914 年 8 月 15 日一艘美国商船首次驶过巴拿马运河。1920 年巴拿马运河通航，使太平洋和大西洋沿岸航程缩短了 1 万多千米。1971 年扩建后，河宽 152.4 ～ 304 米，水深 14.3 米，可通 4 万～ 4.5 万吨海轮。因全世界约 5% 的贸易货运经此通过，故有"世界桥梁"之称。

随着全球经济的发展，由于过往船只越来越大，到 2030 年全世界几乎三分之二的集装箱船，都会大得无法通过巴拿马运河的船闸。2006 年 4 月 24 日，巴拿马政府提出为巴拿马运河进行一次昂贵的"整形"手术，即运河扩建计划，总投资为 52.2 亿美元。2007 年 9 月 3 日，巴拿马运河扩建工程正式开工。

↑ 2016 年 6 月 26 日，最新的巴拿马运河扩建工程完成。"变脸"后的新建船闸，宽 55 米，长 427 米，约 9 成此前无法通行的大型船舶可顺利通过，全球海运版图有望改写。

沙克尔顿勇闯"魔海"：
虽败犹荣的南极探险

051

(1914)

19 世纪末到 20 世纪 20 年代，被人们称为南极探险的"英雄时代"，其代表人物是斯科特和阿蒙森。而英雄时代的结束，则是以沙克尔顿的一场史诗般的冰海飘零为标志。

一位英国探险家这样评价南极探险者：若想要科学探险的领导，请斯科特来；若想要组织快速而有效的探险，请阿蒙森来；若处在毫无希望的困境中，那就跪下祈求沙克尔顿吧！

沙克尔顿 16 岁就从事远航，1901 年加入斯科特南极探险队，途中他染上坏血病，不得不提前回国。此次挫折并未击垮他的斗志，1907 年沙克尔顿自己组织并领导了英国南极探险队，乘"猎人"号探险船出发，于 1909 年 1 月 9 日把英国国旗插在了距南极约 180 千米的地方，然后带领同伴安全归来，让他成为一个英雄。

↑ 沙克尔顿（1874—1922）以带领"猎人"号向南极进发、带领"坚忍"号进行南极探险的经历而闻名于世。图为沙克尔顿在南极探险时拍的照片。

1912 年，当斯科特南极蒙难的消息传来，沙克尔顿除了深为震动，还决心组织有史以来最雄心勃勃的南极探险，完成斯科特的未竟之志。沙克尔顿的探险计划是：从威德尔海南部菲尔希纳冰架出发，穿过南极点，再经罗斯冰架进入罗斯海。显然，这是一条比以前更加艰难的探险航程。

威德尔海是南极洲边缘海，位于南极半岛与科茨地之间，面积 280 万平方千米，海面上到处是茫茫的大冰原、巨大的冰山和行踪不定的浮冰，风暴更是家常便饭，捕鲸船到此都要望而却步。它不知埋葬了多少擅自闯入的船只，人们把这个可怕的海洋称为"魔海"。

沙克尔顿深知"魔海"的威力，为此设计制造了新型探险船"坚忍"号，能使用帆，也能以油、煤为动力，所以既能在海面上行驶，也能在冰面上行进。1914 年 12 月 5 日，沙克尔顿率 26 名探险队员，乘"坚忍"号从大西洋南部的南乔治亚岛起锚，直指威德尔海。12 月 30 日，"坚忍"号进入南极圈，而 1915 年的新年，沙克尔顿探险队正是在"魔海"中度过的。探险船在冰缝中东绕西转，艰难地向南行进。1915 年 1 月 9 日，沙克尔顿终于看到了南极大陆，可是冰架入海处是悬崖绝壁，根本无法登陆。为了寻找登陆点，"坚忍"号暂时停泊在海上，不幸被浮冰团团围住，欲进不能，欲退不得。南极的冬天就要来临了，束手无策的沙克尔顿只得决定，在"魔海"（南纬 77°）

← "坚忍"号的船员。

➡ 1915年10月28日，"坚忍"号因船体破裂而沉没。

度过南极可怕的冬天。

在浮冰的裹挟下，"坚忍"号漂流了整整3个月，一直没能挣脱浮冰的围困。7月13日，一场暴风雪席卷"魔海"，风力在12级以上，气温骤降到 -30℃。一排又一排的冰块在海浪的推动下不断涌来，接二连三地向"坚忍"号发起攻击，在船腹撞出一个大洞。危险一个接一个，1915年10月28日，千疮百孔的"坚忍"号终于被汹涌的海浪吞没。

"坚忍"号沉没后，沙克尔顿和26名探险队员及49条雪橇犬找到一块大浮冰，在冰上搭起帐篷，沙克尔顿将其命名为"大洋帐篷"。为了防止浮冰破裂，每小时有人轮流值班，等待时机乘小艇脱险。

1916年4月，沙克尔顿探险队漂流15个月后，历经千辛万苦，摆脱了海流和可怕的冰山，终于逃出"魔海"，登上一个地图上也找不到的荒岛——海象岛。虽然食物供应不成问题，但海象岛地处偏僻，很难被人发现，唯一的希望是设法向外求援。

沙克尔顿带领5名探险队员，乘"凯亚德"号小艇，冒着极大的危险，向1300多千米外的南乔治亚岛进发。经过45天忍饥挨饿的艰难航行，他们终于到达南乔治亚岛的捕鲸基地哈斯比克港。为营救留在海象岛上的21名探险队员，沙克尔顿冒着极大危险四次横渡大洋，历经九死一生的考验，终于救出所有的探险队员。

沙克尔顿领导的横跨南极大陆的计划虽然失败了，但他和他的探险队员从可怕的"魔海"中神话般地全部生还，却创造了南极探险史上的一项奇迹。可以说，这是虽败犹荣的南极探险。

大陆漂移说：
魏格纳畅谈《海陆的起源》
（1915）

在任何一张地图上，七大洲、四大洋的海陆轮廓都是那么分明。那么，地球表面的海洋和大陆自古以来就是这样分布的吗？1915年，德国气象学家魏格纳根据一个偶然发现，创立了崭新的学说——大陆漂移说，从而引发了地学史上的一次伟大革命。

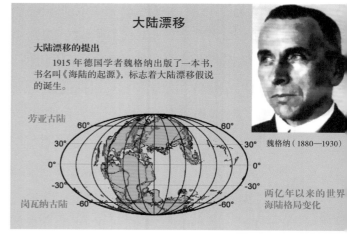

大陆漂移

大陆漂移的提出

　　1915年德国学者魏格纳出版了一本书，书名叫《海陆的起源》，标志着大陆漂移假说的诞生。

劳亚古陆

冈瓦纳古陆

魏格纳（1880—1930）

两亿年以来的世界海陆格局变化

1910年的一天，30岁的魏格纳躺在病床上，百无聊赖，目光正好落到墙上的一幅世界地图上。看着奇形怪状的陆地地形、曲曲折折的海岸线，魏格纳发现：大西洋西岸的巴西东端呈直角的凸出部分，与大西洋东岸非洲几内亚湾的凹进部分，一边像是多了一块，一边像是少了一块，正好能合拢起来。再进一步对照，非洲西岸的凸出部分，巴西海岸几乎都有凹进部分相对应。

这一偶然发现让魏格纳再也平静不下来：非洲大陆和南美洲大陆以前会不会是连在一起的？也就是说，它们之间原来并没有大西洋，只是后来因为受到某种外力的作用才破裂分离。大陆会不会是漂移的呢？

病好之后，魏格纳带着这个念头，走遍大西洋两岸，进行实地考察。他发现有一种野生蜗牛既生活在欧洲大陆，也生活在北美洲的大西洋沿岸。可以想象，蜗牛不可能远涉重洋，也没听说过两地曾经有人"引进"过这种野生蜗牛。

TIPS

魏格纳从小就身体羸弱，受鲁滨孙的启发，他决心坚持冬日锻炼，每天练习滑雪，立志要去格陵兰岛这个冰雪神秘世界去进行科学考察。为了寻求大陆漂移假说的更多证据，他率领一支探险队前往北极的格陵兰岛进行考察。1930 年 11 月 1 日，魏格纳失去了踪迹。第二年 4 月，才发现他长眠于茫茫冰原之上。但他的学说和勇敢探索的精神，却永远激励着人们。

通过调查研究，魏格纳从地球物理、地质、古生物及古气候等方面，找到大西洋两岸轮廓吻合的证据。对此，魏格纳作了一个简单又形象的比喻："就好比一张被撕破的报纸，不仅能把它拼合起来，而且拼合后的印刷文字和行列也恰好吻合。"

沿着这个思路，科学家凯里证明了两个大陆的外形在海面以下 2000 米等深线几乎完全可以拟合。布拉德等人也发现，无论用 2000 米等深线或 1000 米等深线，拟合的结果差别不大。所有的复原拟合工作都证明，各大陆可以通过复原形成一个超级大陆，即现在世界上的七大洲都是由这个超级大陆漂移而来的。

1915 年，35 岁的魏格纳出版了《海陆的起源》。在这部令世界震惊的书中，他提出一个崭新的学说——大陆漂移说，从而开创了地球科学史上的一次革命。

大陆漂移说在全世界地学界引起很大震动，有人为之喝彩，也遭到一些学者的反对和传统观念的挑战，被斥之为"诗人的梦"，更

有人称之为"疯话"。

魏格纳本人也由于证据不够充分而遗憾

自责："漂移理论中的牛顿还没出现。"在魏格纳去世后的相当长一个时期，大陆漂移说几乎销声匿迹了。

到了20世纪50年代，由于古地磁学的兴起以及遥感技术和电子计算机技术的发展，通过大量观测和计算，不仅证明各大陆确实发生过大幅度漂移，为大陆漂移说提供了过硬的证据，并且以大陆漂移说为基石，科学家提出了海底扩张说，为大陆漂移说的驱动力问题找到根据。

20世纪70年代提出的板块构造说，又把海底板块和大陆板块在认识上融为一体，让地球表层整体"运动"起来。人类认识史上一条完美的知识大"链接"，即"大陆漂移—海底扩张—板块构造"理论问世了，并被认为是地学史上的一次伟大革命！

洋中脊：
黄金梦破灭后的洋底大发现
（1925）

　　一位叫佛里茨·哈勃的德国化学家，为了从海水中淘出黄金，苦苦追求了 10 年，最后以失败而告终。他企图从海水中淘金的美梦虽未实现，却意外地发现了海底的洋中脊，从而把人类对海洋的认识推到一个新高度。

　　1918 年，第一次世界大战以德国战败而宣告结束。作为战败国，德国还要赔偿协约国高达 2690 亿马克的巨款。这笔巨额赔款到哪里去弄呢？

　　一位叫佛里茨·哈勃的德国化学家，提出一个增加财源、摆脱困境的办法。他认为海洋是聚宝盆，1 立方千米的海水里蕴含着 5 吨左右的黄金，只要处理 10 立方千米的海水，就可以得到 50 吨黄金，不但巨额赔款的钱不用愁，就连重建德国的资金也有了。

　　哈勃的淘金计划被批准了，政府部门还调拨一艘名叫"流星"号的海洋调查船，专供哈勃使用。于是哈勃组织人马设计了一套从海水中提取黄金的生产工艺，并把"流星"号改装成一座处理海水的"流动工厂",驶入大西洋开展从海水中提取黄金的特殊工作。

工厂夜以继日地处理海水,得到的黄金却微乎其微。与哈勃的设想相反,海水中的含金量实在少得可怜。1925年,就在哈勃从海水中淘金的梦想破灭时,"流星"号上安装的回声测深仪所获得的海底资料却让哈勃等科学家惊讶不已。原来,"流星"号正行驶在大西洋中部,而回声测深仪测出的海水深度竟然很浅,而且变浅的海域范围很宽,由东向西有1000多千米。就是说,在大西洋中部有一段海底是凸起的高地,这对深信海底地形似锅的哈勃来说简直不可思议。

这一意外发现,让哈勃及其同伴们抛开黄金梦破灭后的沮丧和烦恼,开始把注意力全部转移到海底测深工作中,留心搜集这一带海域的洋底资料。在近三年时间里,"流星"号做了数万次测深,整理后的数据资料显示——在大西洋底潜伏着一条巨大的山脉!

这个惊人发现公布后,在欧洲地理学界引起震动,让世人对大西洋海底地貌有了全新的认识。原来,各大洋的海底山脉并不是孤立存在的,而是在各大洋中都有发育,互相连接,构成一个完整体系,长度达70000千米,宽度达1000~4000千米,高出洋底2~4千米。

由于大西洋海底山脉位于大西洋中部,地质学家便给它取名洋中脊。印度洋、北冰洋的海底山脉同样位于大洋中部,因此也叫洋中脊。只有太平洋的海底山脉明显偏东,地质学家便叫它"东太平洋海岭"。谁都没想到,哈勃及其同伴们的意外发现,竟把现代海洋地质学研究引向一个新的领域。

这种又称"中央海岭"的洋中脊,还是板块的主要扩张边界,也是新的大洋型地壳不断生长的地方。另外,洋中脊地热热流量较高,地震和火山活动频繁。

深海潜水球：
打破了各项潜水纪录
（1930）

054

为了进行深海探险，人类发明了载人到水下作业的潜水钟，后来又发明了能在海中遨游的潜艇。由于受制于深海的高压，人类一直无法进入更深的海底，深海探险自然无从说起。什么样的深潜器才适合进行海底科学考察呢？美国博物学家威廉·毕比为此苦思冥想。

毕比原是鸟类学家，直到有一天他看见一条从海里捕获的奇形怪状的鱼，才转向海洋生物学研究。为此，毕比学会了潜水，可穿着潜水服所能到达的最深处只有 20 米，因为水压阻碍着他的行动。看来，为了获取海底探险的自由，必须发明一种新的载人深潜器。

1928 年的一天，一名叫巴顿的年轻工程师拿着设计图走进毕比的办公室，让毕比眼前一亮。显然，这就是他苦苦寻觅多日的深潜器模型。这个名叫"深海潜水球"的新装置，直径为 1.45 米，壁厚 3.17 厘米，球形体每平方厘米能承受 105.5 千克以上的压力，也就是说相当于 1055 米深的水压。钢球的圆形舷窗上镶有厚 7.5 厘米的熔解石英玻璃，可使人看到海底生物却不致色彩失真。深潜器内有可供两人呼吸 8 小时的氧气，以及还原"废"气的回收装置。

1930 年 6 月 6 日，深海潜水球被运到百慕大群岛水深 2400 米的外海。午间时分，毕比和巴顿钻进深海潜水球，那根用来升降的钢索长约 400 米，能承受 29 吨的重量。大家都明白两人要面临的考验：深海潜水球没有浮力，不能自动上浮到海面，一旦那根细长的钢索折断了，深海潜水球连同潜水员只能葬身海底。

下午 1 时整，深海潜水球缓缓沉落到海里。不一会儿，深海潜水球就下潜到波浪扰动不到的水层，外面的海水变成朦胧的青绿色——毕比和巴顿已到达穿潜水服无法突破的界限。深海潜水球继续下潜，到达 91.5 米深处，巴顿突然发现壁舱内有海水！毕比没有慌张，下令

虽然毕比和巴顿研制的"深海潜水球"的不完善之处是显而易见的，但它却为奥古斯特·皮卡德发明新型深潜器"的里亚斯特"号开辟了道路。1960年，正是"的里亚斯特"号征服了水深约11000米的马里亚纳海沟，填补了人类海洋探险的最后一个空白。

快速下沉，因为这样可利用深海压力止住渗漏。此招果然灵验，两分钟后，当深海潜水球进入183米深处时，海水渗漏现象消失了。

深海潜水球继续下降，渐渐地，黏稠的蓝变成深沉的蓝，最后化为一片暗色。到达244米深处时，毕比认为不能再下沉了，果断要求上浮。回到水面打开舱盖，两人精疲力竭地爬出来，身体都僵直着，看来一小时的水下生活并不轻松。尽管如此，他们已经打破了以往所创造的各项潜水纪录，首次试潜取得成功。

两年后，毕比和巴顿又做了一次深潜探险，下潜深度已达435米，打破了他们1930年创下的纪录。

1934年8月15日的第三次深潜，是毕比和巴顿最后一次合作，也是他们历年来最深的海底探险，925米的深潜纪录整整保持了15年，直到1949年才被巴顿自己打破，他创造了深潜1375米的世界新纪录。直至今天，这一深度仍保持了绳吊潜水器深潜的世界纪录。

发现可燃冰：
21 世纪的海洋新能源

（1934）

055

工业革命以来，特别是二战以后，全球经济高速发展，能源安全问题令人担忧。但天无绝人之路，人类发现了可燃冰。什么是可燃冰？冰不是固态水嘛，它怎么可能燃烧？而且自然界真实存在的可燃冰，非但不能灭火，还是危险的"火种"呢！

20 世纪 30 年代初，苏联远东地区的天然气输气管道经常发生堵塞，停工检修却总找不到毛病。1934 年的一天，输气管道又罢工了，这次工程师们不等管道恢复常压就开始检修，结果惊奇地发现堵塞管道的罪魁祸首，居然是"冰"状固体——就是现在人称的可燃冰。

原来以前检修，管道内压力恢复到常态时，可燃冰已气化，这次的急性子反倒帮工程师们解开了谜底。同年，美国学者发表水合物造成天然气输气管线堵塞的有关数据，人们开始更详细地研究天然气水合物及其性质。

这种水和天然气（主要成分为甲烷）在中高压、低温条件下结合而成的晶体，外观形状类似冰，在常温常压下融化并释放出可燃气体，故名。而且每立方米可燃冰能释放出 160 多立方米的可燃气体，主要存在于深水（水深大于 300 米）沉积物和永久冻土地带中，20 世纪 60 年代就在西伯利亚发现了第一处可燃冰矿藏。

　　1971 年，美国学者斯托尔等人在深海钻探岩芯中，首次发现海洋天然气水合物，并正式提出"天然气水合物"的概念。1974 年，苏联在黑海 1950 米水深处发现了天然气水合物的冰状晶体样品。之后，多个国家在海底钻探调查时也发现天然气水合物。2007 年 5 月 1 日，中国在南海北部成功钻获天然气水合物实物样品可燃冰，证实了中国南海北部蕴藏着丰富的天然气水合物资源。

　　现阶段，人类开采可燃冰面临三个难题：首先，可燃冰开采可能导致大量温室气体甲烷的排放而污染环境；其次，可燃冰特殊的存在条件极有可能引发海底滑坡等地质灾害；再次，现有的技术水平使得可燃冰开采成本过于昂贵。正是由于上述原因，苏联的麦索雅哈气田是唯一一座对天然气水合物矿藏进行商业性开采的气田。

　　可燃冰是地球留给人类最后的能源。如何便捷无污染地把这些可燃冰从海底取出来为人类所用，是地球考验人类智慧的一道新难题。

◀ 中国试采海下可燃冰现场。

伊尔哈特：
女飞行员在太平洋上神秘失踪

（1937.7.4）

    1937 年，美国女飞行员伊尔哈特单人驾机飞越大西洋成功，成为第一个女性探险家。同年 6 月，伊尔哈特宣布，要驾驶"艾里克特"号飞越太平洋。没想到此次飞行发生一连串怪事，最后伊尔哈特竟神秘失踪了！至今，"飞行女神"失踪事件还是未解之谜。

    豪兰岛是太平洋中部波利尼西亚岛群中的一座小珊瑚岛。从 1925 年开始，由于离奇古怪的海难接踵而至，豪兰岛竟变成让人望而生畏的"魔鬼区"。

    1937 年 6 月，美国赫赫有名的"飞行女神"、世界航空界红极一时的阿米莉亚·伊尔哈特宣布，她决定驾驶"艾里克特"号飞越太平洋。飞行路线是，从新几内亚岛的莱城起飞，进行中途不着陆的 4200 千米连续飞行，直抵豪兰岛，刷新她于 1935 年创造的 3700 千米飞行纪录。

▲ 伊尔哈特成了新一代飞行偶像，她的照片被用于广告。

1937 年，伊尔哈特驾驶的"艾里克特"号飞越奥克兰海湾大桥。

当时，这条飞行路线连男飞行员都不敢尝试，何况豪兰岛还是海难频发的"魔鬼区"。伊尔哈特飞越太平洋的计划，一下子引起社会各界的极大关注。

1937 年 7 月 4 日，天气晴朗。9 时整，伊尔哈特从莱城起飞，在空中绕了一圈后朝豪兰岛方向飞去。她的飞机是当时性能最好的波音洛基德型，飞行开始很顺利，而且每隔 30 分钟她便用无线电话与地面联系一次。飞到 1000 千米时，机场和她进行了通话，当时还一切正常。

伊尔哈特和"维嘉"号，她驾驶这架飞机单人飞越大西洋。

离豪兰岛只有一小时航程时，突然传来伊尔哈特惊恐不安的呼叫："我的飞机飞进一种类似海绵体的物体里，它既不是天空，也不是海水，而是一种莫名其妙的混合物，有一股强大的磁场……""我的飞机遇到浓雾，又像是急剧升腾的蒸气。我仍然看不到陆地……我的位置在豪兰岛以西约 160 海里……机上的汽油只够飞行半小时……"

美国政府决定不惜一切代价，全力营救他们的"飞行女神"。太平洋舰队从珍珠港抽调出 15 艘驱逐舰，随后又调动航空母舰"列克星敦"号、战舰"科罗拉多"号和"亚利桑那"号，组成一支庞大的

◀ 摄影师布瑞斯尼克在伊尔哈特失踪前几个月为她拍摄的照片。

TIPS

1991 年 4 月 27 日，人们在豪兰岛的丛林里发现一只金属制书箱，经专家鉴定是伊尔哈特的，因为书箱内有她的手迹。1992 年 9 月，又有人在豪兰岛发现"飞行女神"的一件外衣。这些新的发现，能解开"飞行女神"失踪之谜吗？

搜索舰队，夜以继日地在失事海域搜索，却没发现任何目标。令人费解的是，求救信号依然时有时无。在一遍又一遍的重复呼叫中，7 月 9 日下午 3 时 35 分，搜索舰队终于收到 3 长 1 短的回音信号。夏威夷电台和旧金山电台也都同样收到信号了，但营救者对这 3 长 1 短的回音感到费解。

7 月 12 日早上 7 时 35 分，法国"联盟"号瞭望哨突然发现，右舷 10 千米海面上有一团橘黄色烟火升起。苏纳斯船长闻讯后，立即下令"联盟"号全速向目标驶去，并不间断地发出呼叫信号。可橘黄色烟火不但对"联盟"号的呼叫置之不理，而且总是距"联盟"号 10 千米左右。在跟踪近两小时后，那团烟火突然腾空而起，像幽灵似的在众目睽睽之下消失了。7 月 14 日以后，营救人员再也没收到伊尔哈特发出的求救信号，不得不停止救援活动。

伊尔哈特的神秘失踪，给豪兰岛又增添了几分神秘色彩。多数人认为，女飞行员失踪是外星人所为；也有人认为，这一带海底存在着巨大磁场，使飞机操纵失灵而坠海。伊尔哈特飞越太平洋的探险虽然没有成功，但人们永远记住了这位女探险家的名字。

发现矛尾鱼：
恐龙时代的海上"活化石"
（1938.12）

    地球上凡是被现代科学调查已宣布灭绝了的生物，如果某一天突然复活或重出江湖，毫无疑问人类必将睁大惊恐的眼睛。一些我们长期以来一直认为已灭绝、只在化石标本中认识的动物，可能仍在深海生存着，因为深海的生态环境相对稳定——其中矛尾鱼就是一例。

    1938 年 12 月 22 日早晨，在非洲东南沿岸的印度洋上，一条奇怪的鱼落进"涅尼雷"号渔船的拖网。这条鱼的外表很像鲑鱼，又似鲤鱼，但体形特别大——长 1.5 米，重 58 千克，而且头部非常硬，全身发出美丽的蓝光，长满坚硬的鳞，好像穿了铠甲似的，尾巴很像长矛的矛头。最让人吃惊的是，这条鱼胸腹下的两对偶鳍十分突出，好像兽类的四只脚。尽管如此，这条鱼并没引起捕捞者的注意，被运

往南非东伦敦港后就被随便扔在码头上了。

当时，在东伦敦港博物馆工作的拉蒂迈女士从码头经过，看见这条鱼不由得止住脚步，心想世界上竟有长脚的鱼？拉蒂迈当场把这条模样很奇特的大鱼画下来，回博物馆也找不到有关这条大鱼的信息，拉蒂迈便写信向南非格雷厄姆斯敦大学的鱼类学家史密斯请教，并附上她所画的素描图。史密斯接到信和素描图后大吃一惊：这是一条数千万年前已绝种的空棘鱼！

当史密斯赶到东伦敦港口时，才获悉渔民已经把空棘鱼吃掉了。值得庆幸的是，这的确是一条真正的古代空棘鱼。史密斯又有了希望：一条鱼不可能独自活几千万年，这条鱼一定还有同类活在世上！他马上画出空棘鱼图样，连同几千张用英、法、葡文说明的广告——有捕到此鱼者，每条奖一百英镑——

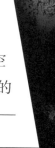

韩寒/主编 赵闯/绘 杨杨/文

在人类之前，它们曾是地球的主人。
当科学遇到文艺，我们不再孤单地活着

TIPS

和人一样长有手指和脚趾的古鱼类

2008年，瑞典科学家通过分析一块3.85亿年前的古代鱼类化石，发现鱼类曾和人一样长有手指和脚趾。古鱼化石发现于拉脱维亚，名为番德里克斯（Panderichthy），被认为是四足动物以及后来的所有地球四肢脊椎动物的共同始祖。通过医用CT扫描仪分析发现，在始祖鱼类从海洋走上陆地之前，它们已经进化长出了某种类似手指结构的鳍状物。这是关于鱼类向四足动物进化的重要证据之一，表明了鱼类如何向陆地动物进化的过程。

派人张贴到非洲沿海各地。

1952 年 12 月，第二条空棘鱼被科摩罗群岛的渔民捕获。之后，人们又在这个海域陆续捕到几条空棘鱼，至今共计捕获了 100 多条空棘鱼，全部来自东非马达加斯加西北的科摩罗群岛附近海域。它们生活在近 200 米的海洋深处，那里好像是它们产卵的地方。

"空棘鱼"之得名，是因为它的骨刺不像现代鱼那样坚实，而是又空又软。由于此鱼的尾鳍中间有一道突起，很像古代兵器中的矛，所以又叫"矛尾鱼"。空棘鱼的发

TIPS

会走路的鱼

2004 年，科学家在加拿大北极地区发现 3.75 亿年前非常特别的鱼化石。它也被称为"会走路的鱼"，是一种大型水生食肉动物，长达 2.8 米，栖息于亚热带泥滩。与原始鱼类的不同之处在于，它们像鳄鱼一样有着锋利的牙齿和扁平的头，它们的鳍有向腿演变的明显的腕关节和肘关节，可能用于在干燥的陆地上行走，被认为是鱼类演化为两栖动物的重要过渡型动物。

现轰动了全世界，不仅是因为它在动物分类史上有独特的代表性，更重要的是它代表着陆生脊椎动物的祖先，是鱼类进化为两栖类的过渡类型，给人们提供了生物进化史的一个活的见证。

人们曾在古海洋、在高山平原都找到过空棘鱼的化石，表明它的分布范围十分广泛。令人费解的是，为什么现在活的空棘鱼仅生存在印度洋西部的科摩罗群岛海域？

科学家认为，无论空棘鱼的生活范围是否宽广，重要的是，它们以保持几亿年本质不变的事实向进化论提出了挑战。既然空棘鱼能躲过地质史上的无数次浩劫生存下来，它的近亲当中是否也有这样的"幸运儿"呢？比如传说纷纭的蛇颈龙。可以肯定，在这种珍贵的"活化石"上，还有许多值得人类深入探索之谜。

库斯托船长：
海底龙宫的讲述人

（1942）

　　中国古代神话中，四海龙王各掌一方海洋，在海底龙宫逍遥自在。那么，真实的海底是什么模样？法国人雅克·库斯托告诉我们：海洋并非不可知晓的神秘之地，而是一个需要人类敬畏并且充满神秘色彩的领域。

　　库斯托出生于法国大西洋畔的比斯开湾，1936年的一次车祸改变了他的人生轨迹——手臂受伤的库斯托接受朋友的建议，到大海中游泳帮助恢复身体。当库斯托戴上潜水面罩潜入水中，他知道自己的生命被彻底改变了："我无法描述我为何热爱海洋，我只知道有时候我们足够幸运才能发觉生命已经改变，这一切就在那个夏天发生在我身上，当我的眼睛第一次在大海里睁开时。"

　　库斯托开始探索大海——那还

↑ 雅克·库斯托（1910—1997），一生拥有众多身份——法国海军军官、探险家、生态学家、电影制片人、摄影家、作家、海洋及海洋生物研究者、法兰西学院院士。图为雅克·库斯托（右）和特里·杨正在准备潜水。

↑库斯托发明了第一批能够在水下拍摄静态或运动物体的摄像机。

TIPS

《海洋》由雅克·贝汉与雅克·克鲁索联合执导，耗时4年，耗资7500万美元，动用12个摄制组、70艘船，在全球50个拍摄地，有超100个物种被拍摄，超500小时的海底世界及海洋相关素材，是史上投资最大的纪录片。

是一个没有防水相机、没有水肺，甚至连海水水压对人体的影响、在水下吸入高浓度氧气对人的伤害有多大都不清楚的年代。

1942年，库斯托和液态空气工程师爱米尔·加南合作完成了两项发明：一是水肺，可以自动调整及提供压缩空气的吸气器；二是单人潜水器。在潜水史上，这两项发明具有开创性意义，它使得"蛙人"自动潜水服诞生了，库斯托得以实现梦寐以求的理想——潜到大海深处。1943年1月，库斯托背着水肺装置，在马恩河岸下潜到50～60米深的地方。

从此，库斯托几乎单枪匹马开始了海洋摄影的历史。他自制水下摄像机，开始就是将一架8mm摄像机安置在水果罐头瓶里面，并且设置一个可以自动录像30分钟的计时器。

1950年，一位英国巨富慧眼识才，将一艘名叫"卡里普索"号的旧扫雷艇赠与库斯托。库斯托倾其所有，花了一年时间将扫雷艇改建成一个活动的海洋实验室。

1951 年 11 月 24 日，库斯托带领由生物学家、地质学家、火山学家等十来人组成的考察小组，乘坐"卡里普索"号开始首次红海考察之旅。考察历时 38 天，他们游历了许多珊瑚礁和岛屿，发现了海底火山盆地，鉴别了一些珍稀动植物，绘制了 5030 米深海图，还搜集了许多初次发现的红海物种标本。

1956 年，库斯托将红海之旅剪辑成深海题材的长纪录片《静谧的世界》，在戛纳电影节引起轰动，金棕榈奖破天荒地第一次颁给一部纪录片。这部纪录片第一次以清晰逼真的图像、绚丽夺目的色彩，向公众展示了一个人类完全陌生的海底世界。这部纪录片上映后，库斯托作为探索大海的英雄，成为无数青少年的偶像。

红海之旅的成功让库斯托信心大增，他决定环游全球，拍摄水下世界，展开纪录片之旅。1964 年，他的另一部影片《没有阳光的世界》荣获奥斯卡最佳纪录片奖。

库斯托一直把大海和海洋生物看作"人类的朋友"。1985 年，年届 75 岁的库斯托在"重新发现世界"远航后，投入"保卫海洋、保护人类生存环境"的另一战场。看，众多海洋纪录片中的库斯托，头戴红帽，在蓝天大海之间讲述着海底龙宫的故事。他因此成为旺盛生命力的象征、奋斗和进取精神的象征，被人们亲切地称为"库斯托船长"。

孤筏横渡太平洋：
一次彪炳探险史的大举动
（1947）

　　波利尼西亚人的祖先来自何方？在众多传说中，一种猜想认为，5世纪波利尼西亚人从8000千米以外的南美洲漂洋过海而来。为此，挪威探险家、人种学家海尔达尔乘仿古木筏，经过101天漂流，成功横渡太平洋，从而证实了这一大胆猜想。

　　生活在太平洋中南部波利尼西亚岛群的波利尼西亚人，其起源长久以来一直困扰着科学界：有的说他们的故乡是美国，有的说他们来自东南亚，更有甚者称他们是沉没大陆的幸存者……波利尼西亚人

↑ 17世纪早期，秘鲁海岸边的一只轻木筏素描，海尔达尔以此为蓝本建造了"康提基"号。

自己却说，他们的故乡在亚洲的中国南部或印度支那地区，是被大风刮到这儿来的。

　　1937年的一个晚上，海尔达尔在太平洋的一座小岛上听到波利尼西亚人祖先的动人传说，就萌发一个大胆猜想：也许波利尼西亚的

➡"康提基"号探险队员，
海尔达尔为左起第三人。

⬆"康提基"号在海上，海尔达尔第一次看见
完成后的船，将其比作旧的挪威干草棚。

白色人种是在 5 世纪漂洋过海而来的，他们的出发地应该是在东风吹来的地方，即 8000 千米以外南美洲的秘鲁。

海尔达尔开始深入钻研，越来越多的证据支持着他的猜想。比如，在波利尼西亚岛群上和秘鲁的原野中，人们发现了同样的石像，石像的雕刻方法和面容惊人地相似。但海尔达尔的研究成果并没得到权威专家承认，理由十分简单——1000 多年前的人们没有现代动力装置的船只，不可能实现从南美洲到波利尼西亚的长途迁徙——要知道那不是一道狭窄的海峡，而是 8000 千米的惊涛骇浪，靠什么工具横渡？海尔达尔在秘鲁古代墓碑上看到木筏式样，他认为乘木筏在大海上漂流有很大优势，便决定用亲身体验重现波利尼西亚人的昔日壮举，制造一只史前木筏横渡太平洋。

海尔达尔探险队一行 6 人来到秘鲁首都利马，并根据考古资料于 1947 年 4 月建成一只仿古木筏：由 9 根巨大的筏木组成，中间一

⬆ "康提基"号经 101 天横渡太平洋的航行路线。

根长 14 米，用 300 根麻绳牢牢捆在一起，上面铺着竹片作为甲板，木筏中部搭有一个竹屋，屋前是长方形船帆，命名为"康提基"号。

TIPS

1977 年底，63 岁的海尔达尔乘纸莎草船"底格里斯"号，自伊拉克底格里斯河进入波斯湾，南下阿拉伯海再进入红海，航程历时 4 个月 7000 千米，证实了古代苏美尔人可能通过这种航行，向西南亚和阿拉伯半岛传播文明。

1947 年 4 月 28 日，秘鲁海军拖轮将"康提基"号拖出军港，海面上持续不断的东风将它向着西方不可逆转地推进。探险队在太平洋的风浪中发现了木筏的优势，它由极轻的筏木制成，能随大浪涌到浪尖上，而且大量的海水冲上木筏，会瞬间从筏木间的缝隙漏掉，毫无船舱进水之忧。

探险家们在海上亲身感受到了波利尼西亚先人渡海时遇到的各种问题，他们学会利用龙骨控制航向，学会下雨时接淡水作贮备，根据星座确定方位和方向……经过 93 天的漂流，1947 年 7 月 30 日早上他们望见久违的陆地，那是西太平洋土阿莫土群岛中的莫卡莫卡环礁。第 101 天，探险家们终于登上荒凉的珊瑚岛，无动力漂流获得成功！

阿兰·邦巴尔：
自愿经受大海考验的人

（1952.10）

海难中不幸坠海，有多大生还希望？通常，人们只有祈祷老天保佑，因为在狂风暴雨、巨浪滔天的恶劣状况下，没有淡水，没有食物，没有伙伴，奇迹很少出现，坠海者大多一去不返。对此法国医生阿兰·邦巴尔看在眼里，痛在心里，他发誓要探索人类海上生存的极限。

阿兰·邦巴尔出身在巴黎一个富有而博学的家庭，从小就与大海结下不解之缘。1951年，他在滨海一家医院做实习医生时，发现侥幸从海难中逃生的人，十之八九不出三天就死在救生艇上，是惊惶失措让他们丧了命。其实，一个人滴水不沾要五六天才死，不吃东西也能拖上四星期。邦巴尔决定用生命验证，只要相信自己还有一线生机，又能利用海里的资源，多数遭遇海难者都会活下来！

邦巴尔中断了医学院的学习，来到摩纳哥海洋研究所。他花6个月时间分析海水、解剖海鱼，了解鱼身上的含水量及营养价值。他用手把鱼身上的汁水挤出来，发现占鱼身上50%到80%的重量都是水，这可是做梦都没想到的水源！邦巴尔通过试验又发现，没处理过的海水如果每次只喝一点点，足以让人活五六天。

邦巴尔还发现，海鱼可提供充足的人体所需维生素 A、B、B1、B2，只缺少维生素 C。缺了维生素 C，人会患坏血病。鲸鱼吞食大量浮游生物和水母，邦巴尔从中受到启发——这些在洋面上随

↑阿兰·邦巴尔。

波逐流、多得数不清的有机体，就含有丰富的维生素 C。于是，食物的问题也解决了。接下来，他要用实践去证明，海上遇难者能活下来。

1952 年 5 月 25 日，邦巴尔与他的英国海员朋友帕尔默驾乘橡皮筏"异端"号，不带任何淡水和食物，就像飞机或轮船上落难者一样，投身于无边无际的大海。两人用 18 天时间到达地中海西部的巴利阿里群岛，他们吃生鱼和浮游生物，喝的是鱼身上的汁水和海水。这样能不能从欧洲大陆漂泊到美洲大陆呢？帕尔默认为此举纯属自杀，拒绝参加，邦巴尔便制订独自横跨大西洋的计划。

1952 年 10 月 19 日，邦巴尔升起"异端"号小小风帆，从加那利群岛出发，驶向西印度群岛。第一夜，邦巴尔就遭遇了后来持续 6 天的大风暴，惊涛骇浪铺天盖地地向他袭来。4 天后，"异端"号风帆被强劲的海风撕成两半。邦巴尔换上新帆，可不到半小时连帆带绳又被刮走了，"异端"号只能在风雨中飘摇。10 月 27 日，邦巴尔在船上度过自己的生日，生日礼物是他捕到的一只鸟。

次日，他的手表坏了。此后，他过着日出而作、日落而息的原

始生活。再后来，他开始坐卧不安，只好不时变换姿式，有时干脆跪在船上。他知道，遇难者要生存，就得从严要求自己。他给自己制订了作息时间：每天早上吃两三条夜间落进橡皮筏里的飞鱼，然后开始钓鱼，找够白天的食物；接着做半小时柔软体操，以防肌肉萎缩；中午，是定方向的时候；下午整整两个小时是科研和医学观察：量血压、测体温、查小便……

1952 年 12 月 10 日上午，航行的第 53 天，他遇到在大西洋上航行的英国货轮"阿拉卡卡"号。邦巴尔谢绝了货轮的施救，在接受了船员们提供的一顿饭食后，又开始孤独的航行。1952 年 12 月 23 日，经过 66 天的海上航行，邦巴尔到达巴巴多斯，行程总计 4400 千米。

邦巴尔靠自己的力量活着登陆了，事迹传遍全球，人人都说他是英雄。但邦巴尔并不满足于现状，在以后几个月里，他又航行了 5500 海里。同时，他还发明了一套标准的海上自救设备，包括救生筏、渔具和小网。邦巴尔还提出一种科学的喝水法，这就是著名的"邦巴尔法"，在没有一滴淡水的情况下，至少能健康地存活 7 天。

1958 年，他将航海探险的经历写成《自愿经受大海考验的人》一书。至今，邦巴尔的海上自救方法成为英国、美国、法国、俄罗斯等国海军、空军常规训练中的"邦巴尔法自救训练项目"，也是全世界所有海军、空军的必设训练课程。

深海歌手：
合奏"海洋交响曲"

（1952）

　　许多人都以为，海底是寂静无声的。科学家为揭开这个秘密，曾在海底安放水下听音器，结果惊奇地发现，许多海洋动物会发出千奇百怪的声音：有的类似螺旋桨击水，有的像猫头鹰叫，或像青蛙呱呱叫……原来，形形色色的"海洋歌唱家"在海底合奏出"海洋交响曲"。

　　座头鲸被誉为"海中夜莺"，这种体长约 13～15 米的巨大海洋动物，在海洋中歌唱了几千万年，直到近 70 年来，人们才开始注意到它们的"歌声"。1952 年，美国学者舒莱伯在夏威夷海域首次录下了座头鲸发出的声音，生物学家称其为海洋世界里的"歌星"。而体长 20～25 米的长须鲸，广布于世界各大洋，也是海里的低音歌者。2011 年，研究人员透露，他们用海底地震仪跟踪地震时，意外地追踪到长须鲸的叫声。

鲸和海豚的叫声如同仙乐般美妙，如何让失聪者也能同样感受到这份来自深海的天籁之音呢？ 2010 年，声学工程师马克·费舍尔采用声音视觉化技术，将鲸类和海豚的歌声变成一幅幅美丽图案，让我们能够从海洋之声中欣赏更多的艺术之美。

除了鲸的深海歌声外，海洋中不少无脊椎动物和鱼类生物都会发声。鱼声、虾声、蟹声、海豚与鲸的鸣叫声，形形色色，交织在一起，在海底合奏出"海洋交响曲"。

当人们能听到来自海洋深处的各种声音时，发现甲壳类动物比鱼"多嘴"。最爱"唠叨"的恐怕要算蟹了，蟹类能发出近 30 种类似虫鸣的声音。曾经发生过这样一件趣事：在第二次世界大战期间，不知什么原因"触怒"了一群小蟹，它们发出叫声，使德国人布设的声学水雷突然爆炸。

水下的鱼儿种类五花八门，它们发出的声音也千奇百怪。鱼类发出的声音多数是由骨骼摩擦、鱼鳔收缩引起的，还有的是靠呼吸或肛门排气等发出种种不同的声音。

由此可见，海底其实是一个喧嚣的世界。

海水淡化：
解决全球性水资源危机
（1954）

062

16 世纪时，为了从海水中获得饮用水，英国女王悬赏 1 万英镑征集价格低廉的海水淡化方法。1606 年，西班牙船工用蒸馏器在大帆船上提炼出淡水，开创了人工淡化海水的先例。经过 400 多年的探索，工业化海水淡化技术日趋成熟，宣告了人类可以从取之不竭的海水中生产淡水，从而为全球干旱地区带来了福音。

广义的水资源，指的是地球上所有的水体；
狭义的水资源，指的是淡水资源；
通常所说的水资源，指的是江河湖泊水和浅层地下水。

海洋水和咸水
占97.47%

冰川、深层地下水
占98%

淡水占2.53%

可直接利用的
淡水资源占0.3%

水是生命之源。一个人可以十几天不吃饭，但离开水则不能生存。世界上有许多沿海国家和海岛上的人们生活在无边无际的海水包围之中，却往往要遭受无水之苦——虽然地球上超 97% 的水都集中在海洋里，可是海水又咸又苦，既不能供人饮用，工农业上也不能直接应用。

许多年来，人们一直都在探索从海洋中提取淡水的办法，但都无一例外地失败了，因为海水淡化在技术上困难重重。

　　国外海水淡化技术始于 20 世纪 50 年代，全球第一个海水淡化工厂就于 1954 年建在美国的得克萨斯州。从 1950 年到 1985 年的 35 年间，工程师们主要研究蒸馏法、电渗析法、反渗透法和冷冻法技术（至今未实用）淡化海水。1986 年后的 10 年，蒸馏法和反渗透法发挥了突出作用，成为当代海水淡化的主要技术。进入 21 世纪后，反渗透法技术发展迅速，投资和制水成本大幅下降，其装机容量已超过蒸馏法的总和。

其实，海水脱除盐分变为淡水的过程，主要方法有四种，即热能法（蒸馏法和冷冻法）、电能法（电渗析法）、机械能法（压透析法和反渗透法）和化学能法（溶剂抽取法和离子交换法等）。常用的有蒸馏法、电渗析法和反渗透法，它们对解决沿海干旱地区、孤立岛屿和矿区、人口稠密的工业城市以及各种海上活动的淡水供应有重大意义。

21 世纪有了形形色色的海水淡化器，太阳能、原子能、海浪能等都被广泛用作淡化海水的能源，让人类可以在远离大陆的海岛上定居，无忧无虑地从事各种海洋活动，或者到海底建造"海底宫殿"和"水下工厂"，开发蕴藏在海洋深处的宝贵资源，让浩瀚无垠的大海更好地造福于人类。由此可见，海水淡化不愧为解决全球水资源危机的重要手段。

TIPS

以色列全境 2/3 的土地为沙漠，水资源异常匮乏，人均水资源量为 320 立方米。残酷的生存环境，让以色列自 1948 年 5 月建国之始就将水资源管理提升到国家战略高度。以色列政府始终致力于建设节水型社会，同时千方百计地开拓新的淡水资源渠道。

阳光行动计划：
"鹦鹉螺"号首次穿越北冰洋

(1958.8.3)

063

20 世纪中叶，由于人类对冰盖下的北冰洋知之甚少，开辟冰下潜艇航线谈何容易！是"鹦鹉螺"号核潜艇打通了人类航行的禁区，闯出一条冰下航线，大大缩短了从太平洋到大西洋的航程，这是一个由核动力创造的奇迹。

第一次世界大战期间，德国 111 艘潜艇投入战斗，给协约国造成巨大损失。战后，世界各国更加重视潜艇的发展，并且意识到——如果能从北冰洋冰层下安全穿过，那才是往返于太平洋和大西洋间最隐蔽、最安全的捷径。

1931 年，澳大利亚探险家魏肯斯作了初闯北极冰的尝试，由于

图为"鹦鹉螺"号核潜艇。中国则在 1974 年建成第一艘核动力潜艇并装备部队。

探险潜艇设备落后，探险未能成功。二战期间，德国海军潜艇部队也曾计划穿越北冰洋进行长途奔袭，却因种种原因未获成功。

潜艇要能从冰盖下穿越北极，必须具备长时间的水下潜航能力。常规潜艇用柴油机作为动力源，水下航行时采用蓄电池供电的电动推进方式，边航行边带动发电机给电池充电，推进航速低，续航时间短。核动力潜艇却不同，其 "航程无限" 的核能将助推人类梦想成真。

1949 年，"核潜艇之父"——美国海军核动力科学家里科弗富有远见地明确了核潜艇的设计思路：在较小空间内，安装核反应堆，利用核裂变产生的热量驱动蒸汽轮机发电，使潜艇实现水下长时间的高速航行。在里科弗的领导下，1955 年美国建成世界上第一艘核潜艇 "鹦鹉螺" 号，在没有补充燃料的情况下，持续航行里程达 62526 海里（11 万余千米），其中大部分时间是在水下潜航。但 "鹦鹉螺" 号能否胜任各种海域的航行，还需要一次北冰洋水下航行与探险来证明。

1958 年 4 月 25 日，"鹦鹉螺" 号开始代号为 "阳光行动计划" 的极地航行挑战任务，从美国东海岸出发，途经巴拿马，到达西海岸的西雅图港。6 月 8 日午夜，"鹦鹉螺" 号驶出西雅图港，向北冰洋的门户白令海峡潜航，经过 1700 海里的长途潜航，到达白令海峡南端。此时，海面浮冰滚滚，水下冰柱林立，海底崎岖不平。经过多次搜寻，才找到一条冰层和海底间勉强能通过潜艇的航道，6 月 17 日 "鹦鹉螺" 号终于穿过白令海峡进入楚科奇海。

楚科奇海水深仅有 30 多米，"鹦鹉螺" 号上离浮冰底部只有 8 米，下离海底只有 4 米，只能小心翼翼潜航。后来，连这样的航道也消

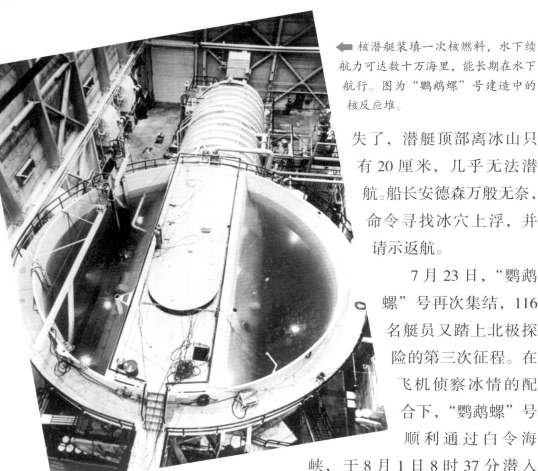

失了，潜艇顶部离冰山只有 20 厘米，几乎无法潜航。船长安德森万般无奈，命令寻找冰穴上浮，并请示返航。

7 月 23 日，"鹦鹉螺"号再次集结，116 名艇员又踏上北极探险的第三次征程。在飞机侦察冰情的配合下，"鹦鹉螺"号顺利通过白令海峡，于 8 月 1 日 8 时 37 分潜入北冰洋的深水区巴罗海谷，沿着预定的航线顺利前行。北极冰山下的海底，或是崇山峻岭、深渊绝壁，或是宽广的丘陵和平地，还有已经沉寂的火山口，只不过海床变深了，深得足以让"鹦鹉螺"号躲避巨大的冰山和悬垂的冰柱。8 月 3 日凌晨，"鹦鹉螺"号越过北纬 84°，当夜在离北极只有 0.4 海里时，所有艇员都屏息静气，等待到达极点的光荣时刻。

艇长安德森两眼紧盯着测距仪，开始倒计时："……7、6、5、4、3、2、1，到了！"请记住这一伟大的历史瞬间——1958 年 8 月 3 日 23 时 15 分，人类第一次在冰盖下抵达地理北极点，一个人类的梦想实现了！

064

海豚当医生：
智力缺陷儿童的天使
（1958）

　　生活在海边的居民中流传着许多美好的传说，其中相当一部分讲的是海豚救起溺水者的故事。在这些绘声绘色的故事里，海豚被赋予了高度智慧和思维能力，扮演了"人道主义者"的角色。另外，聪明的海豚还是耐心、温柔的"医生"，对患有先天缺陷或自闭症的儿童来说，海豚疗法的效果出奇地好。

　　海豚是十分聪明的哺乳动物，它的大脑沟回复杂，能学会许多复杂动作，并有较好的记忆力，所以经过训练的海豚能帮助人类完成各种水下任务。此外，海豚还是治疗儿童自闭症的"良医"。

　　美国佛罗里达州儿童保罗，生下来就患有唐氏综合征。这是一种遗传病，患这种病的儿童不仅外貌特殊，而且智力低下，学

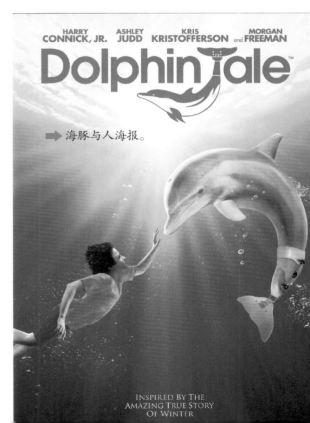

➡️ 海豚与人海报。

习很困难。保罗两岁时，母亲把他带到佛罗里达海豚研究中心接受两周的海豚治疗。回到老家后，这个自出生以来从未开口说过一句话的保罗，竟然走进一家商店，开口要买一瓶可乐。此后，母亲让保罗每周都去接受海豚治疗。两年后，四岁的保罗已经可以像正常孩子一样学习了。

现在，保罗这样的故事已不再稀奇。美国佛罗里达海豚研究中心主任米尔顿·森蒂尼在1958年就开始进行海豚治疗的研究，他认为海豚发出的独特的高频率声音在治疗中发挥了很大作用，能使儿童放松。20世纪70年代初，美国神经病理学家纳泽森也提出相似的海豚疗法，并在美国迈阿密一家水族馆开设儿童海豚治疗中心。

为什么海豚可用来治疗病人？教育心理学家内桑森这样解释海豚治病的原理：神经不正常和智力有缺陷的人是无法集中注意力的，更不会对外界的刺激作出适当的反应。而海豚可以减轻病人的精神压力，甚至比最佳的医师还能吸引病人的注意力。

研究还发现，海豚可以帮助自闭症患儿走出自己生活的"壳"——海豚非常聪明，它在"社交"活动中也异常活跃，懂得病孩的身体"语言"，再加上海豚的外貌善良可爱，更易取得孩子的信任。患儿非常想和温和的海豚一起玩，就愿意忍受在其他传统情况下不愿意忍受的强化治疗，因为激动和爱慕有助于儿童全神贯注地学习。

美国、澳大利亚和墨西哥三国进行的海豚康复法实验表明，一般患儿接受治疗后，病情都有不同程度的改善：一些患儿仅经过 4 次治疗，就可以抬起手或迈出步；经过 6 至 8 次以上的治疗，患儿的运动功能有明显改善；一些有语言障碍的患儿，经过 6 个月的治疗已能说简单的话。一般情况下，6 个月至 16 岁的患儿都可接受海豚康复法治疗，但从康复效果来看，最适宜的治疗年龄是 6 个月至 6 岁。

现时的海豚疗法仍是以饲养的海豚为主，对野生海豚的运用仍在探索阶段。没人怀疑哺乳动物有助于一些儿童解决心理和感情上的问题，但正如内桑森在研究报告中所说：海豚的智慧使儿童在"学习转换中具有重要的技巧和潜力"，比玩游戏、模仿和练习等传统疗法更有效。

➡ 海豚医生。

现实版"尼摩船长"：
开启深海生命存在之窗
（1960.1.23）

　　瑞士皮卡德家族，是世界上最富传奇色彩的科学世家：雅克·皮卡德是全世界潜水潜得最深的人，他的父亲是第一个飞上 16000 米高空的人，他的儿子是第一个驾驶气球不间断成功环绕地球的人，他的孙子则于 2015 年 3 月驾太阳能飞机环球旅行。正所谓：祖孙四代热衷探险，青史留名，各领风骚。

人物特点

尼摩船长：
《海底两万里》中的尼摩船长是小说里一个居主要地位的人物。这个知识渊博的工程师，遇事头脑冷静，沉着而又机智。

阿罗纳斯教授：
生物学家，博古通今，乘潜艇在水下航行，使他饱览了海洋里的各种动植物。

　　1922 年 7 月 22 日，雅克·皮卡德出生于比利时首都布鲁塞尔。他的父亲奥古斯特·皮卡德是探险家和物理学家，发明了密封压力舱和同温室气球，被誉为现代航空的先驱、平流层的征服者。

　　小皮卡德在瑞士读完大学，当过大学教师。但三米讲台约束不了他内心对探险的渴望，更不能让他忘却与父亲的约定，而父亲已经开始的海洋探险深深吸引了他。

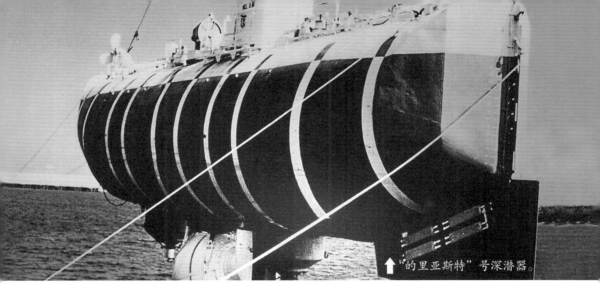

↑ "的里亚斯特"号深潜器。

1950 年，皮卡德父子研制出"FNRS-3"号深潜器，成功下潜到 3048 米深度，远远超出当时美国著名深海探险家毕比的下潜深度。之后，皮卡德父子又驾驶自己设计的"的里亚斯特"号深潜器，一次次刷新世界深潜纪录。

1957 年 8 月 18 日，苏联"勇士"号科学考察船宣布，发现世界大洋中最深的马里亚纳海沟。于是，马里亚纳海沟自然成为皮卡德父子深潜的目标。

1958 年，在皮卡德父子的直接领导下，美国海军从德国购置一种耐压强度更高的克虏伯球，建造新型的"的里亚斯特"号深潜器。

这个新型的深潜器是固定在储油器上的球型钢制吊舱。储油器中则装满比水轻的汽油，能在必要的情况下使潜水器浮出水面。下水前，把几吨重的铁砂压载装进特殊的储油罐中，在升上水面前打开储油罐，甩掉压载。由蓄电池供电的小型电动机保证螺旋桨、舵和其他机动装置运转。

1960 年 1 月 23 日，小皮卡德和美国海军上尉唐·沃尔什先后钻入"的里亚斯特"号深潜器，他们将前往南太平洋，挑战海洋中的最深渊——马里亚纳海沟。这只深潜器在 1958 年、1959 年先后深潜到 5600 米、7315 米。

TIPS

出水后不久，雅克·皮卡德被美国宇航局聘用，继续从事深海探险研究，并先后设计出4艘中深度水下潜艇，其中包括重达166吨的"奥古斯特·皮卡德"号旅游潜艇。这是迄今为止最大的旅游潜艇，也是所有时代中最大的非军事性水下交通工具。

◀ "的里亚斯特"号深潜器。

　　雅克·皮卡德和沃尔什足足花了5个小时才到达海底，此时水深显示10916米。他们成功了，下潜到马里亚纳海沟10916米深处！同时，雅克和沃尔什凭借深潜器上的探照灯，找到下潜至9875米深处时深潜器发出巨响后像经历地震般剧烈颤抖的原因——海底巨大的压力导致一块18厘米厚的舷窗玻璃出现轻微裂痕，但这不会威胁他们的生命。

　　查看过故障，雅克他们开始端详这个人类知道的大洋最深处，不禁大吃一惊：原来，漆黑冰冷的大洋底部并非死气沉沉。透过舷窗，他们看到许多前所未见的鱼虾。短暂停留20分钟后，他们不得不匆匆驾驶深潜器上浮，3小时后上升到安全水域。

　　短短20分钟，改变了科技界对海洋深处生命的观点。人类开始认识到，大洋底部同样存在着生命。深海和深海的生物世界深深吸引了小皮卡德，并让他奋斗终生。

　　2008年11月1日，这位人类深海探险史上的传奇人物与世长辞。小皮卡德是现实版"尼摩船长"，他的深潜为人类开启了深海生命存在之窗，将人类理想延伸到大洋深处，也将人类文明引向大洋。

"海神"号核潜艇：
第一次海底环球航行

（1960.5.10）

　　没有核潜艇时，探险家们作环球航行既漫长又异常艰难；有了核潜艇，在海底进行环球航行，一定不会像在海面上那么凶险吗？让我们一起探寻"海神"号核潜艇的故事吧！

　　"海神"号核潜艇于1958年8月建成，是当年美国海军最大的潜艇，建造初衷是作为一艘雷达预警核潜艇，执行航空母舰编队的对空早期警戒任务。

　　悲催的是，到"海神"号建成下水时，陆上雷达性能已大大提高，特别是舰载空中预警机的使用，使"海神"号的实际作战价值非常有限。因此，"海神"号在相当长一段时间里都被打入冷宫，成为潜艇史上仅有的一艘雷达预警核潜艇。

⬆ 攻击潜望镜中快要下沉的商船。

TIPS

　　潜艇是密闭的空间，艇员要在潜艇内长期生活和工作并保持战斗力，必须解决四大问题：一是要有质量良好的空气，二是要有充足的水供应，三是艇内要保持适宜的温度，四是要有营养丰富的饮食。

　　庆幸的是，1960年1月，美国五角大楼正式通知"海神"号核潜艇艇长爱德华·比奇，要求"海神"号核潜艇完成高速水下环球航

行的准备工作。

1960年2月16日14时20分，"海神"号核潜艇从圣彼得和圣保罗礁出发，开始人类历史上前所未有的环球航行。核潜艇离开码头5小时后开始下潜，第二天为了用星体重新测定艇位和便于舱室内通风，上浮到潜望镜深度航行，并根据测量验证了艇上惯性导航系统的数据。

2月24日，"海神"号穿过圣保罗礁时，让人不由得想起麦哲伦。当年麦哲伦的环球探险惨不忍睹，最后三个多月几乎没任何食物。现在的"海神"号上，食品和生活用品应有尽有，船员的饮食起居完全跟陆地上一样，唯一的缺憾是稍感寂寞。

"海神"号下潜后，开始半个月的航行生活顺利而平静。但3月1日凌晨，艇上军医向艇长报告：艇员普尔病了！凌晨2时，军医再次报告：普尔病情加重。本来，比奇艇长决定为实现全球航行计划不升出水面，现在眼看计划因艇员生病要落空，真让全艇官兵深感遗憾。

艇长决定向离它不远的美国水面舰只"梅肯"号发报，请"梅肯"号派小艇协助转运病人，而"海神"号则将指挥台浮出水面，整个艇体仍潜于水中。最后，4名艇员护送普尔到"梅肯"号，这一两全其美的做法得到全体艇员的支持。

4月5日，"海神"号绕过印度，穿越印度洋，又绕过非洲南端的好望角，重返大西洋，向北直驶圣彼得和圣保罗礁。4月25日，

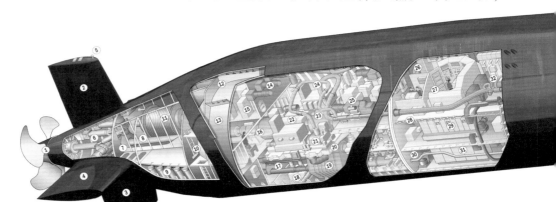

比奇艇长从潜望镜里又一次看到圣保罗礁，他们终于完成了人类历史上第一次海底环球航行。

"海神"号到达圣保罗礁后，并没有向美国方向驶去，而是驶向西班牙的加的斯港，与"约翰·威克土"驱逐舰会师。1960年5月10日，"海神"号终于在美国特拉华州沿岸第一次全部浮出水面。至此，"海神"号核潜艇水下航行已有83天零10小时，航程达3.64万海里。直到此刻，白宫才正式向全世界宣布了"海神"号完成海底环球航行的消息。

1961年，"海神"号改为攻击型核潜艇，但性能并不理想，结果在1969年黯然退役。虽然"海神"号仅仅服役10年便退出历史舞台，但它开创了人类海底环球航行的历史，创下了潜艇水下自持力的纪录，这份荣誉和技术进步的标志应保留在海洋科技史上。

🔻"海神"号为提高航速和可靠性，第一次采用双反应堆作动力，使得核潜艇的体积猛增，成为当时世界上最大的核潜艇。下图中，核潜艇上有编号的零部件就高达近百个。

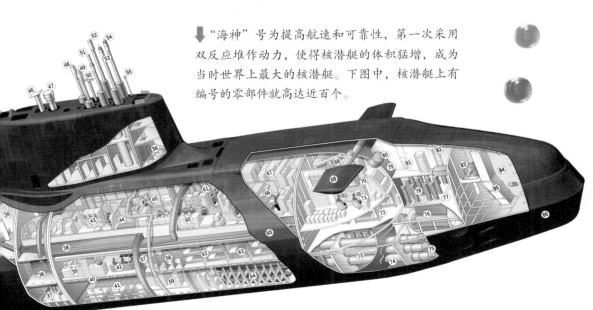

给轮船穿上"海豚服"：
妙趣横生的鱼体仿生
（1960）

067

海豚为什么游得快，除了具有奇妙的流线型体形外，还与它们特殊的皮肤结构有关。今后，如果远洋客轮能"穿上"类似功能的"海豚服"，时速完全可以达到 100 ～ 200 千米，这将是一个多么鼓舞人心的航速啊！

自从人类懂得造船开始，就一直为如何提高船的航速而努力。无疑，人类从鱼类身上得到提高航速的启示，比如鱼类最常见的体形是纺锤型，又称流线型，可以减少湍流，将水流的摩擦

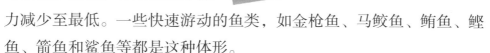

力减少至最低。一些快速游动的鱼类，如金枪鱼、马鲛鱼、鲔鱼、鲣鱼、箭鱼和鲨鱼等都是这种体形。

再看海豚，其皮肤可分为两层：外面的表皮层薄而富有弹性，其弹性类似于最好的汽车用橡胶；表层下面是真皮层，分布着许多像毛细管一样的小管，小管里有海绵状物质；小管下有稠密的胶原纤维和弹性纤维，其间充满脂肪。这种皮肤结构就像一个很好的消振器，

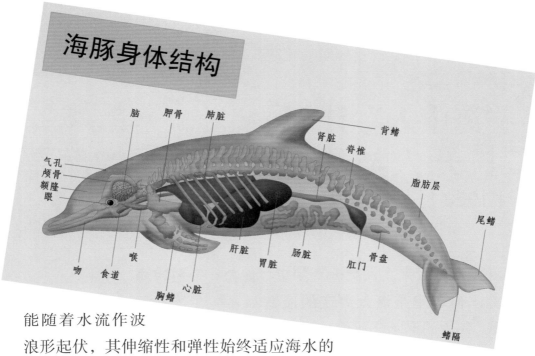

海豚身体结构

脑　胛骨　肺脏
肾脏　背鳍
气孔　脊椎
颅骨
额隆　脂肪层
眼
尾鳍
喉
吻　食道　肝脏　胃脏　肠脏　肛门　骨盆
胸鳍　心脏
鳍隔

能随着水流作波

浪形起伏，其伸缩性和弹性始终适应海水的

冲击力，使水流顺利通过。皮肤与海水的摩擦阻力大大减小，这样海豚本身的动力就几乎全部用于增加游动的速度了。

　　要是轮船也有这么一身"皮肤"，不就可以大显身手了吗？ 1960年，科学家根据海豚的皮肤仿制成"人造海豚皮"——由三层橡胶组成，总厚度 2.5 毫米：平滑的外层厚 0.5 毫米，模仿海豚的表皮层；中层有橡胶乳头，其间充满黏着性硅树脂液体，能模仿海豚的真皮层；下层是厚 0.5 毫米的支持板，与船体接触。试验结果证明，这种人造海豚皮"穿"在形状、大小和动力都不变的鱼雷或潜艇身上，它们在海水中运动的阻力至少可以减少 50%！

　　现在，科学家正在努力研制一种更接近海豚皮肤的人造材料，使阻力进一步减少。随着当代高新科技的不断发展，相信不久的将来，一种外形和运动形态都酷似真正鱼类的机器鱼将代替潜艇和潜水员，帮助人类探索海底世界的秘密，解决海洋污染的难题，以及执行军事探测和侦察任务等。

"海中人"计划：
拉开人类建造水下住房的序幕
（1962）

068

自古以来，人类一直梦想着像鱼一样遨游海底。但哪里是潜入海底的通道？人类在苦苦寻找。伟大的潜水先驱爱德华·林克开启了"海中人"计划，法国人库迪则开展了"大陆架据点"水下实验，从而拉开人类建造水下住房的序幕。

美国富翁爱德华·林克曾是出色的飞行员，一次驾机飞越地中海，恰巧有海豚跃出水面。"我能像海豚一样在水中遨游吗？"这个突如其来的想法，久久盘旋在林克的脑海中。

对海洋的渴望日益强烈，使林克设想了一个"海中人"计划：第一步是水密电梯，帮助水下访客从水面降到水下；第二步是水下住房，为水下访客提供生活起居场所；第三步是减压舱，避免水下访客患潜水病。

1962年，林克的"水下住房"实验在法国土伦港附近展开。8月27日，在地中海沿岸，林克亲自乘水密电梯下到水深18米处的水下住房，在那里待了8小时，然后回到海面。经过9小时减压，他感觉良好。不久，他又下到水下住房，呼吸着2.8个大气压的氦氧混合气。

这次他在水下待了14小时，并在水下住房用了餐，依然没有不舒服的感觉。

水下实验室。

接着，林克挑选一名当时世界上最出色的潜水员——比利时人罗伯特·斯特尼做试验。1962年9月6日上午9时55分，斯特尼顺利地潜到水下60米深的水下

这个建筑将是自给自足的人类水下居住区。

住房，然后走出住房到海底进行考察，再回到水下住房吃饭、睡觉。斯特尼成为人类迎来海底之夜第一人，一直躺到夜里10时多他才进入梦乡。在海底度过20小时，斯特尼回到海面后减压持续3天20小时30分，竟没有任何不适，结果在各国海军和海洋界引起轰动。

方舟酒店。

林克的"水下住房"实验一直持续到1969年2月才因事故中断。在探索海洋的征途上，林克并不孤独，法国人库迪也几乎在同时开展另一项"水下住房"实验。

库迪是狂热的潜水迷，也是一名潜水专家，二战前就在潜水，先后

迪拜水下酒店。

"海底生物圈"2号将是海底观察员、海洋科学家和观光客以及其他动植物长期居住的水下之城。

"海底生物圈"2号看起来像科幻电影中的场景。

水下实验室。

发明了水下眼镜、水下鳍、水肺和自携式水下呼吸器。

1947年，库迪的潜水同伴创下104米下潜纪录后不幸丧生，这使库迪意识到，依靠自携式水下呼吸器已不能下潜到更深的海底。

带着对海底的执着追求，库迪开始建造"海底住家"。他设想这样一种潜水器：它不仅能让人长期逗留海底，而且还能往更深处潜进。经过多年努力，1962年9月，库迪在法国南海岸10米深的海底建造了一座海底房屋——"大陆架据点"1号。库迪与两个伙伴在那里生活了一周，得到社会各方面的

水下居住舱8米深，湿度100%。

支持和关注。

"海中人"与"大陆架"水下实验室都固定于水下，依靠补给船的起重机吊放海底。之后的水下实验室可以通过压舱水舱注、排水，做沉浮的垂直运动，并向作业水深大、自持力强、机动性好的方向发展。苏联1977年建设的"底栖生物-300"水下实验室，作业水深达300米，自持力14天，可供12名科学家考察15天。

当代水下实验室的下潜深度可超300米，在没有补给的情况下，作业期限通常为两周，最长达59天。

水下城市，这种可供现代人类生存发展的水下建筑群落，至今仍停留在科学家的设计与构想中，比如"海底生物圈"2号、"旋转城"、澳大利亚"水母仿生海洋城"、阿姆斯特丹"漂浮的未来城"等。不管现实如何，林克、库迪两位先驱拉开了人类建造水下住房的序幕。

造访万米深渊：
生机勃勃绝非偶然
（1962）

069

1960 年，小皮卡德驾着"的里亚斯特"号造访万米深渊马里亚纳海沟时，"最有趣的发现是那些潜水器舷窗外游过的鱼类，我们震惊地发现在那么深的海底，竟然还生活着相当高级的生命"。此次深海探险颠覆了人类对大洋底部的认识，激发了人类深海探险的热情。

"的里亚斯特"号在马里亚纳海沟发现万米深海鱼虾，自然是令人难以置信的奇迹，但这是不是一种偶然现象呢？因为在此之前，人们一直认为深海是一个黑暗、高压、寒冷和缺氧、缺乏生命的死寂世界。早在 19 世纪中期，英国的福布斯就提出海洋生物垂直分布的分带概念，但认为水深 550 米以下是无生物带。

↑ 2007 年，国际海洋科学家在墨西哥城召开大会，把深渊区的深度由原来的 6000 米修改为 6500 米。

1860 年，"斗犬"号在从地中海 2200 米深处打捞上来的电缆上，发现附有大量珊瑚类生物和软体动物，这一发现打破了福布斯水深

TIPS

人们把水深 200 ～ 3000 米称作半深海，把水深 3000 ～ 6000 米称作深海，而把水深 6000 米以下的海沟称作超深海渊。国际海洋科学界发现，位于 6000 ～ 11000 米"海斗深度"区间内的生物与 6000 米以上的生物明显不同，因此，把这个深度区间内的海沟命名为深渊。深渊通常以发现的船只命名，如马里亚纳海沟的斐查兹海渊，深 11034 米，为世界海洋已知的最深点。

↑ 海底采样器是采集海底沉积物和岩石样品的器具。常用的有海底拖网、海底采泥器、振动活塞取样管、重力垂直取样管、海底地质取样管和海底岩芯取样器等。

550 米以下是无生物带的结论。1962 年 7 月，"阿基米德"号探险太平洋千岛—堪察加海沟。这条海沟最深处达 10542 米，那里也有鱼虾为伴，生机勃勃。就这样，海洋生物生存的水深下限一次次被打破。

据统计，全球共有 37 个超 6000 米的海斗深渊，其中 5 个分布在大西洋，4 个分布在印度洋，28 个分布在太平洋，它们都位于大洋板块向大陆板块俯冲的地带上。

国际学术界对海斗深渊的生命、环境和地质过程的了解十分有限，甚至有关该领域的知识，一度主要来源于 20 世纪 50 年代丹麦"铠甲虾"号和苏联"勇士"号调查船。

观察海斗深渊的海洋生物并非易事，因为海水深度每增加 10 米，水中物体所承受的海水压力就会增加 1 个大气压。如果在 1 万米的海底，就要承受 1000 个大气压的压力，这样的压力足以摧毁大部分科考设备。

2014 年 5 月 10 日，美国深海潜水机器人"涅柔斯"在克马德克海沟就因为水下压力过大而爆裂。

我们现在能看到的有关深渊生物的报道，都是自 20 世纪中期以

来美国、日本等国使用深拖、抓斗、柱状采样器、生物诱捕器、着陆器、潜标、载人或无人潜水器等技术手段，对马里亚纳海沟、阿留申海沟、汤加海沟、克马德克海沟、菲律宾海沟、日本海沟、千岛—堪察加海沟、爪哇海沟、波多黎各海沟等海斗深渊进行的零星科考。

　　当前，科学家已经知道，海斗深渊中栖息着大量的奇异生物，而且这些生物对深度具有很强的依赖性。有超过一半的底栖生物为海斗深渊环境所特有，也就是说，这些生物仅能在水深大于6000米的海洋环境中生存，在生存条件较好的水深小于6000米的海洋中反而无法生存。它们依靠上层海洋沉降的有机质，或与深部地球化学过程相关的化学能合成作用来维持生命。

海底扩张说：
赫斯发现的"地球诗篇"
（1962）

　　1915 年，魏格纳提出大陆漂移说，认为人类的立足之地——大地是在不断地漂移。这一假说当时遭到许多权威的指责和嘲讽，被当作是科学史上的奇谈怪论。及至 20 世纪 60 年代初海底扩张说的形成，使大陆漂移说又复活了！更确切地说，自 20 世纪 60 年代之后，大陆漂移说已被海底扩张说代替了。

　　几乎所有大陆漂移说的反对者，都提出一个严峻的问题：又大又重的大陆怎么可能漂移呢？谁在推动它？这个问题，就连魏格纳本人也无法解释，他不无遗憾地承认："漂移理论中的牛顿还没出现！"

　　20 世纪 60 年代初，有人注意到各大洋中央海岭两侧的古地磁异

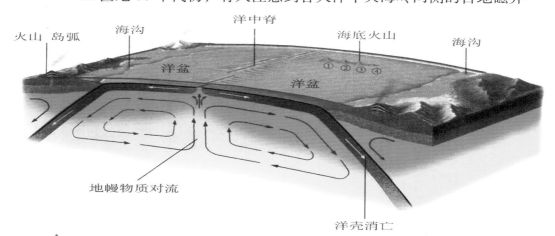

火山 岛弧　海沟　　　　　　洋中脊　　　　　　海底火山　　　　海沟

洋盆　　　　　　　　　洋盆　　① ② ③ ④

地幔物质对流

洋壳消亡

⬆ 中央裂谷主要分布在大西洋和印度洋的洋中脊上，沿裂谷有地震活动和岩浆喷发。

TIPS

　　哈利·赫斯出生于1906年，早年毕业于耶鲁大学。他当过船长，热爱航海，后来在美国海军"开普·约翰逊"号上当舰长。只要条件允许，赫斯总是利用舰上的技术设备不停地搜集资料，探求深海的奥秘。

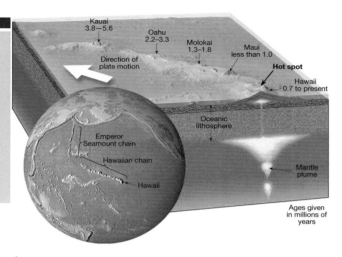

常带都呈对称分布，两侧岩石的年龄也大致对称排列，而且海底岩石的年龄远比大陆岩石年轻得多。

⬆ 如今在西太平洋存在一系列链状火山岛，并且离"热点"越远，火山岛的形成年龄越老。图为1960年初威尔逊发现的夏威夷热点。

　　在大量海底调查资料的基础上，美国普林斯顿大学地质系主任赫斯和美国海岸大地测量局的地质学家迪茨，差不多同时提出了"海底扩张说"：1961年迪茨首次提出"海底扩张"这一术语，而海底扩张的最初概念，则是赫斯率先孕育的。

　　结合大洋中脊的研究成果和洋底平顶海山的新发现，赫斯从魏格纳的大陆漂移说中获得灵感，开始酝酿洋底地壳运动的新假说。虽然相关论文早在1960年已经写成，但直到1962年赫斯才正式发表。这篇论文题为《大洋盆地的历史》，首次提出海底扩张说理论，不但震动了世界地学界，还掀起地球科学的一场革命。

　　海底扩张说认为，中央海岭是地幔对流上升的地方，也是新的洋底地壳诞生处，地幔的力量可以像传送带一样，把新生的洋底地壳输向远方。这个海底扩张的秘密不仅揭开了洋底地壳更新的规律，也解决了当初魏格纳无法解释"大陆漂移说"的动力源问题，并对岛弧的形成、平顶海山、洋中脊、火山喷发、地震等问题，都能作出合乎情理的解释。

　　研究海洋的科学家早就发现海洋与地球本身一样古老，大约在

TIPS

1973年8月2日，"阿基米德"号深潜器载着法国海洋地质学家勒皮雄等3人，在大西洋中东部海域进行首次下潜，拉开了"法摩斯"海底探险行动计划（大西洋洋中脊水下考察计划）的序幕。在水深2600米的大西洋中央裂谷底部，勒皮雄看见黑玉般的巨大熔岩流正缓缓流动，从裂谷陡峭的绝壁上直泻下来，宛如壮观的巨大熔岩"瀑布"，证实了洋中脊轴带是海底扩张的中心。深潜获得的海底岩石年龄最多不超过几千年，有力地证明了这里也是新洋底诞生的地方。赫斯海底扩张学说的科学预见因此得到证实。

⬆ "阿基米德"号。

40亿年前某些洋区就充满了海水。但奇怪的是，洋底地壳的年龄却很少超过1.6亿年，记录海洋发育史的海底沉积物年轻得像个娃娃。而海底扩张说最终拨开了笼罩在这座迷宫之上的云雾——被浩瀚的海水覆盖的海底是不断地扩张和移动着的！

如果我们把地球比作一头怪兽的话，那么洋中脊和海沟就是两个血盆大口。洋中脊吐出地幔内的物质，营造出新的洋底，而海沟吞没着旧的洋底，让它重新回归地壳。洋底地壳就是这样被替换更新着，大约每2亿年一轮。这就是为什么海洋是古老的，而海底却永葆青春的原因所在。

如果把整个海洋比作一只大脸盆，海水是脸盆中的水，海底扩张就像是给脸盆换新盆底的过程，盆底换新了，海洋却还是老样子。赫斯的海底扩张说，使我们终于明白一个事实：海洋虽有漫长的地质历史，但洋底却以2亿年的周期在一代又一代地更新，就如同人类已有悠久的历史，而人却以平均70多岁的寿命代代相传一样。

在海底扩张说提出后短短5年内，由于对海底磁异常现象的研究卓有成效，海底扩张说实际上已被证实。就这样，古老的海洋和年轻的海底揭示了地球分分合合的运动奥秘，为人类谱写了一首壮怀激烈的"地球诗篇"。

"阿尔文"号：
屡立战功的深潜艇先驱

（1964）

　　"阿尔文"号深潜艇，是目前世界上最著名也最忙碌的深海考察工具之一，已顺利完成了5000多次洋底探测计划，把海洋学家送到黑暗又寒冷的海底世界，进行各种广泛而有趣的研究。它的名字，是与打捞氢弹、海底"黑烟囱"、"泰坦尼克"号冰海沉船等联系在一起的。

　　1964年，"的里亚斯特"号从美国海军退役，替代它的"阿尔文"号是一艘结构独特的深潜艇，有一个直径2.1米的球形耐压壳，重13.5吨，外形从侧面看像梨。一个较高的出入口突出在轻外壳上部，艇前有一只灵巧的机械手。虽然它的最大潜深只有1868米，球形耐压壳具有正浮力和解脱装置，能在危急关头脱离轻外壳而独自上浮，以

↑"阿尔文"号。

TIPS

　　1986年7月，在"阿尔文"号的指挥下，两个小型潜水机器人在"泰坦尼克"号当年出事海域先后下潜12次，围着"泰坦尼克"号残骸共拍摄了54小时录像，有效地帮助人们揭开了"冰海沉船"之谜。

保证艇员安全。

1966 年 1 月 7 日，一架携有 4 枚氢弹的美国 B-52 轰炸机在进行演习训练时与运输机发生碰撞，其中 1 枚氢弹落入西班牙南岸的地中海。

氢弹沉没的海区水深达 900 米，潜水员根本无法长时间滞留，而且下潜搜寻还要冒氢弹随时可能爆炸的危险。万般无奈之下，美国海军只好紧急调遣"阿尔文"号，因为它不仅下潜深度大，还有机械手。于是"阿尔文"号被紧急空运到西班牙，到达指定海域后开始下潜。

在水下 600 米处，深潜艇上的探照灯光打开了，海底被照得通亮。可是整整 10 天过去了，什么也没找到。直到两个月后，"阿尔文"号才发现蛰伏于海底的氢弹，并通过水下摄影，拍下了氢弹所处海底的地貌及周围环境的照片。

"阿尔文"号再次下潜。它的机械手大显神通，把钢丝绳系到 3 米长的氢弹上，然后在水面打捞船的协助下，将那枚令人心悸的氢弹摇摇晃晃地拽出海面，"阿尔文"号从此名声大振。

但"阿尔文"号的海洋探索史并非一帆风顺。1968 年，母船载着"阿尔文"号准备在科德角附近海域作业时，连接"阿尔文"号的钢缆断裂，

"阿尔文"号沉到 1540 米深的海底，11 个月后才被打捞上来。"阿尔文"号在温度接近 0℃的海水和缺氧环境中保存良好，极大地鼓舞了科学家们。在重建"阿尔文"号时，由于换上钛合金制造的耐压壳，使"阿尔文"号的最大潜深提高到 3658 米。1973 年，重获新生的"阿尔文"号又投入到寻找海底"伤痕"的深海调查中。后又经无数次改进和重建，"阿尔文"号最大下潜深度可达 4500 米，而且耐压性一直保持良好状况，至今仍在服役，不愧为历史上最成功的、屡立战功的功勋潜艇。

1979 年，"阿尔文"号在东太平洋海岭的北部发现第一个海底"黑烟囱"，揭开了"深海热液生物群"的神秘面纱。

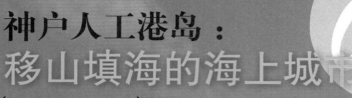

神户人工港岛：
移山填海的海上城市
（1966—1981）

愚公移山、精卫填海是中华民族历史悠久的传说。如果愚公遇上精卫，会如何？ 1966—1981年，在与中国一衣带水的邻邦日本，上演了移山填海的奇迹，即在神户港外的海面上，建设了当时世界上最大的海上城市——神户人工港岛。

神户海滨美丽，与函馆、长崎同为日本"三大美夜景"。

　　20 世纪 60 年代，日本经济迅速增长，城市人口过于集中，沿海可开发平地几乎全部用光。作为日本通往世界各国的主要门户之一，神户港利用靠山面海的自然条件，想出了"移山填海"的办法。也就是在远离神户港南端 3 千米的海面上，建设规模庞大的人工岛，完美地解决了乍看起来似乎无法解决的难题。

　　1966 年开始建设的这座人工岛，由于兼有海港和城市两方面的功能，被命名为"港岛"。神户人工港岛的功能定位是港口岛。考虑到"港岛"需要人工填出，建筑师们为了使地基受力合理，把重量大的高层建筑布置在人工岛的中心部位，在岛的东西两翼布置了港口区，设置了 12 个大型集装箱码头，16 个定期班轮专用泊位，使地基的受力非常合理。

这个"移山填海"的建设方案，一开始面临诸多困难：首先，人工岛是建在原有港口外面水深淤泥厚的海面上，工程建设难度大；其次，多达 8000 万立方米的砂土必须经过长距离运输。因此，整个建设方案都要经过仔细研究和计算，尤其是要慎重地考虑保护神户市的自然环境问题。

设计者最后选择了六甲山西面的高仓和横尾两处作为取土场，并采用先进的开挖技术来加快建设速度。同时，神户市政当局架设了一条宽 2.1 米、长 7500 米的高架传送带，把六甲山的砂土源源不断地输送到专用码头，然后用特制的 5000 吨驳船把砂土装运到 20 千米外的填海现场，打开底舱门，让砂土直泻周围打了桩的海底。另外，神户市政当局还建造了一套地下输送系统，将土方石料运至码头。工程结束后，地下输送系统则变成城市排水系统的一个组成部分。

神户人工港岛的面积为 4.4 平方千米，填海所用的 8000 万立方米土石，足足削平了神户西部的两座山峰，耗资 5300 亿日元，从 1966 年开始建设，至 1981 年才完工。为了庆祝港岛的建成，1981 年日本把神户人工港岛印在了世界博览会纪念邮票上。

就这样，自第二次世界大战后，日本通过填海造地，向海洋索取的土地面积超 200 平方千米，相当于 2.56 座香港岛。神户人工港岛建设过程中发展的一系列规划、设计、施工新技术，也为世界各国的人工海岛、填海工程提供了范例。

"挑战者"号钻探船：
改写地球历史的海洋考察船
（1968.8）

　　大陆为什么会漂移？海底为什么要扩张？"挑战者"号钻探船通过实施 15 年雄心勃勃的"深海钻探计划"，不仅验证了大陆漂移说和板块构造理论，在海底矿藏方面也有许多重大发现，因此被誉为"改写地球历史的海洋考察船"。

　　20 世纪 60 年代早中期，海底扩张说和板块构造说先后问世，在解决大陆漂移说动力源问题的同时，也让许多地质学家半信半疑。

　　1966 年 6 月，美国斯克里普斯海洋研究所受美国科学基金会资助，正式筹备一项以揭示洋底地壳上层为目标的长期钻探计划，这就是举世瞩目的深海钻

↑IODP349 航次标志——
由华裔科学家设计。

探计划（简称 DSDP），并由安装了动力定位设备的"挑战者"号钻探船负责钻探。

　　"挑战者"号钻探船中部竖立着 43.3 米高的钻井塔，塔顶高出海面 61 米，排水量 10500 吨，设计最大工作水深 6096 米，设计最大钻

↑在 1983 年 11 月,"挑战者"
号完成最后一个航次后正式退役,接
替它的是"乔迪斯·坚决"号钻探船。

探深度 7615 米。调查船上配备有衍射、化学分析、古生物及岩矿实
验室,取出岩芯可直接进行研究。

　　1968 年 8 月,"挑战者"号在墨西哥湾开始处女航,实施雄心勃
勃的"深海钻探计划"。从 1968 年 8 月开始至 1983 年 11 月计划结束,
在 15 年的科学探险中,"挑战者"号航行于除北冰洋以外的所有大洋,
共进行了 96 航次调查,总航程 60 多万千米。在各大洋的 624 个钻探
站位上,实际钻井超过 1000 口,获取岩芯总长超过 97 千米,钻探最
大水深 7044 米,海底最大钻探深度为 1741 米,单孔钻入坚硬玄武岩
1080 米,钻探船海上作业成功地完成了重返孔位钻探达 16 次以上。

　　深海钻探计划最主要的科学成就,是验证了海底扩张和板块构
造学说。根据海底钻探所取得的岩芯,对洋底磁异常条带的年龄测
定,确切地重建了大西洋的海底扩张历史。原来,距今约 9000 万年前,
南极洲与澳大利亚、南美洲先后脱离,逐步形成了大西洋;还证明了

印度板块曾以每年超过 10 厘米的速度向北漂移，在近 6500 万年间移动了 4500 千米，最后与青藏高原相碰撞，并形成了印度洋。

深海钻探取得了各大洋洋底沉积物的完整剖面，其中的微体化石和超微化石，为年代学和古海洋生态环境的研究提供了依据。正是这些沉积记录，揭示了近 2 亿年来的古海洋演变史，为古海洋学的建立奠定了基础：如在 1200 万年前，地中海曾经封闭成盐湖，甚至是沙漠，然后在百万年以前又形成盆地，海水涌进来，成为今日的地中海……

20 世纪 70 年代中期，英国、苏联、日本、西德、法国等国加入深海钻探计划，让该计划进入国际合作新时代，即大洋钻探国际协作阶段，又称"综合大洋钻探计划（IODP）"，代表着地球—海洋科学发展史上一座辉煌的里程碑。

▼南海大洋钻探圆满告捷。

深层海水：
改变人类生活的海水
（20 世纪 70 年代）

074

当你品尝清凉解暑的爽口啤酒，你能想到这是由深层海水酿制的吗？当你体验光滑紧致的保湿面膜，你能想到这是深层海水配制的吗？取之不尽、用之不竭的深层海水，就是这样任性而神奇：它不但使海洋充满了活力，而且改变了人们的生活方式，给人类带来新的机遇。

深层海水，顾名思义，就是指海洋深处的海水。深层海水大量存在于距陆地 5 千米以外、水深 200 至 300 米以下的地方。在如此深度，几乎没有太阳光射入，其特征综合起来，就是清洁、肥沃且低温。

受海底地形及气象条件的影响，深层海水会自然涌升到海面上。但茫茫大海，有这种被称为"涌升海面"的地方仅占全球海洋面积的 0.1%，那里还集中了海洋鱼类资源的 60% 甚至更多。

原来，当富含微量元素的深层海水涌上海面，浮游生物和藻类得以更快生长，为鱼类提供了丰

↑深层海水保湿喷雾。

富的"肥料"。研
究表明，涌升海
域和一般海域在
鱼类产量上的差
距极为惊人——
单位面积涌升海
域的鱼类生产
量，是沿岸海域

↑深层海水养殖池。

的上百倍，是外洋海域的数万倍。如果人类能制造"涌升海面"，将使深层海水资源得到充分利用，很可能给海洋渔业带来一场深刻的革命。

利用人工涌升，把深层海水用于水产养殖业的设想，最早由美国人杰拉德于 1967 年提出。20 世纪 70 年代初，美国科学家李奥斯用特制水泵把 807 米深的海水抽起，注入陆上水槽内，养殖饵料用浮游植物，在 500 平方米范围内饲养贝类试验成功。这是世界上最早利用人工方法，把深层海水应用于水产养殖的试验。

而最早将深层海水实现产业化利用的国家是日本。20 世纪 70 年代，为了解决资源紧张和环境污染问题，日本将目光转向清澈干净、病原菌稀少、富含矿物质的深层海水。日本科技界、产业界在深层海水的基础研究和实用技术方面布置了强大阵容，使得深层海水在淡化造水、水产养殖、食品加工、制盐、生产饮料水、保健补品、化妆水、制药、水疗等多种产业中得以快速发展。如今，深层海水已成为日本饮用水市场的主流。

大量抽取深层海水会造成深层海水枯竭吗？答案是 No。因为深层海水占海水总量的比例高达 95%，几乎是取之不尽、用之不竭的。

那么大规模抽水会对环境造成不利影响吗？回答依然是 No。因为抽上来的深层海水所养殖的大量浮游植物，会通过光合作用吸收温室气体二氧化碳，所以大规模抽取深层海水，不仅不会对环境有不利影响，反而会起积极作用。

日本科学家还提出一个大胆设想，即利用深层海水减少二氧化碳的排放。原来，深层海水富含养分，把它抽上来当作海洋牧场肥料，可促进海洋表层浮游生物的生长。而浮游生物的繁茂，又可大量吸收空气中的二氧化碳，缓解地球上正使人类苦恼的温室效应。日本一家电力公司把发电厂的废气作为首攻目标，他们把这种废气排放到有微细藻类的深层海水中,通过海藻的光合作用来吸收废气中的二氧化碳，从而达到减少二氧化碳排放量的目的。

还有一项有趣的试验，是利用深层海水创造人造环境。科学家在种植杨梅的土地周围埋设一系列管道，让低温的深层海水从管道中流过。深层海水有温度低且恒定的特点，结果使管道周围的空气受到低温的影响凝结成雾，这样杨梅林周围的空气一年四季均保持充足的水分，创造了一个有利于杨梅生长的小环境。

当然,所有这些试验仅仅是利用深层海水的开始。科学家们相信，在 21 世纪，深层海水的开发将在农业、养殖业、医疗保健、环境保护等多方面发挥更大的潜力，使人类受益无穷。

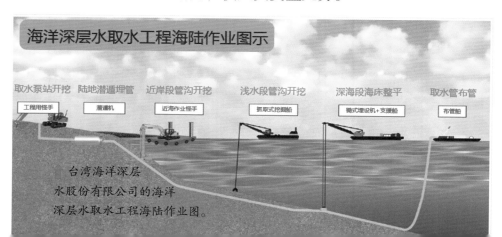

海洋深层水取水工程海陆作业图示

取水泵站开挖　陆地潜遁埋管　近岸段管沟开挖　浅水段管沟开挖　深海段海床整平　取水管布管

工程用怪手　潜遁机　近海作业怪手　抓取式挖泥船　靖式埋设机+支援船　布管船

台湾海洋深层
水股份有限公司的海洋
深层水取水工程海陆作业图。

075

拖运冰山计划：
干旱缺水地区人们的福音

（1973）

长江发源于青藏高原唐古拉山脉各拉丹冬雪山，黄河发源于青藏高原巴颜喀拉山脉北麓的冰川，雪山、冰川融化汇聚成长江、黄河，孕育了华夏文明。而地球的南、北极地区，到处都是极地冰川，有没有可能直接利用它们为人类提供淡水呢？

地球上水资源总量约为13.8亿立方千米，其中淡水仅占水资源总量的2.53%，而且将近70%冻结在南极和格陵兰岛的冰盖中。因

↑ 将冰山拖运前行（水下的冰山拖运景象）。

此，一些研究人员认为，随着淡水危机的加剧，人类开发极地冰川是早晚的事情。

据估计，南极分布着22万座冰山，格陵兰岛每年可断裂出1.5万座冰山。每年大约有3万亿立方米的冰山水融化后流入海洋，这个数字几乎与全球一年的淡水消费量（3.3万亿立方米）相当。如果把极地冰川运到严重缺水的干旱地带，淡水紧张的局面便可迎刃而解。

早在1971年，美国和加拿大就搞过一项试验，即组织一批海洋

科学家和海员在北大西洋纽芬兰—拉布拉多一带拖运冰山，以保护那里的大批石油钻井设备免遭冰山的撞击。经过几年努力，他们获得了可贵的资料，对未来大规模的冰山拖运极有参考价值。

1973年，威克斯和坎贝尔两人提出运输冰山到世界缺水地区的设想。1977年，在美国衣阿华州立大学召开的第一届国际冰山利用会议上，这个问题受到与会者的高度重视。

当时，法国工程师莫林提出用拖船拖运极地冰山到非洲沙漠国家的大胆设想，即设计一个隔热罩，用以包住冰川露在海面上的部分，以防止冰山在拖移过程中过快融化。虽然这个设想从理论上来说比较简单，但具体实施不但需要制造庞大到难以完成的拖船，还要面对跨洋数月的风险。

直到2009年，莫林设想才有了转机。法国达索系统软件公司通过3D建模和多种电脑数值模拟，帮助莫林在虚拟环境下验证各种冰山拖运方案。通过测绘烈日下的冰山热交换，估算出冰山运输途

中的冰融数量；借助于另一模型，了解冰山如何随时间发生断裂；利用卫星提供的气象学和海洋学数据追踪洋流，据此决定如何将冰山从北极的纽芬兰拖运到加那利群岛。

↑ 拖运冰山的电脑模拟图——法国工程师欲将 600 万吨南极洲冰山拖运到非洲。

美国发明家科纳尔则提出另外一个方案，即利用温差产生动力驱使冰山航行。他认为冰山底下的海水温度比冰山本身高 11℃，这个温度足以把液态氟利昂变成气体，而受热膨胀的气体产生的压力则可以推动发动机，使冰山像轮船一样行驶。如果能在冰山中钻洞埋管，把气态氟利昂送入冰山深处，那里的低温将使氟利昂重新凝成液体继续循环使用。一般 12 个氟利昂动力系统，就可以推动一座小型冰山行驶。但是，如何解决冰山在推动过程中的融化消耗，以及运抵目的地后如何获取淡水等问题，人们仍旧束手无策。

无可讳言，搬运冰山肯定还有一系列技术难题要克服，但也并非天方夜谭。当人类为淡水资源所困扰又无计可施时，定会把目光投向极地冰山。毕竟，淡水储量诱人的它们，有可能为干旱缺水地区带来福音，带来希望。

活的地震仪：
鱼类为什么能预报地震
（1977）

076

2015 年 5 月 25 日至 26 日，有目击者发现，野生虎鲸罕见地成群聚集在东京湾洋面。5 月 28 日，日本《产经新闻》旗下的 ZAKZAK 网站报道提醒，应该敲响应对地震的警钟。2015 年 5 月 30 日就传来日本海域 8.5 级大地震的报道：这是纯粹的巧合，还是海洋生物能够预报地震？

从经验现象中寻找科学规律，是科学家的追求，也是人类科学精神的体现。四面环海的日本经常受到地震的影响，因此非常重视对鱼类习性异常与地震关系的研究。

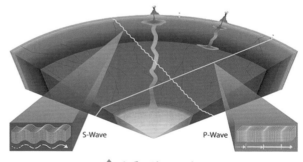

↑地震预报 SP 波。

有"鲇鱼博士"之称的东京大学名誉教授末广恭维，从事鱼类与地震关系的研究达 45 年之久。1977 年，末广恭维作为组长，带领地震学家、东京大学教授力武常次，鱼脑波研究人员市原忠义，鱼心电图权威、东海大学教授羽生功，鱼感觉能力研究人员、东京大学副教授吉野镇夫，圣马里亚诺医大副教授京急，海上公园研究室主任蒲沢洋等 6 人，组成"动物异变研究小组"，研究用鱼类进行地震预报的可行性。

研究小组选择了鲶鱼作为研究对象，因为鲶鱼的脑袋又大又平，容易安装遥测仪。之后，实验人员用不同的温度、水压、水流、电流等物理方法刺激饲养的鲶鱼，观测鱼脑波在这些物理刺激下的变化。

实验人员还关注了鲶鱼的侧线神经。侧线是鱼类身体上从头部走向尾鳍的线，实际上是开有小孔的鱼鳞集合，相当于人类的耳朵和鼻子，是鱼类的感觉器官，因为鱼鳞上的小孔与鱼体内的侧线神经相连通。侧线主要搜集水温、水压、声波等环境情报，一旦感知周围环境发生异常，鲶鱼就会作出应激反应。

有些鱼类的侧线还能感受低频率声波。当鱼类感受到系列地震前期的微弱震动波时，就会出现鱼浮水面向上跃的场景。科学家们发现，鲨鱼、魟鱼等软骨鱼类的侧线器官更奇怪，像小口大瓮，长在头部的背面，呈管状或囊状，里面充满黏液，一端扩大成壶腹，另一端开口于皮外。其实它不过是侧线器官的变形，雅称"罗伦氏壶腹"，绰号"罗伦瓮"。可别小看这只瓮，

➡日本鲶鱼引发地震神话。

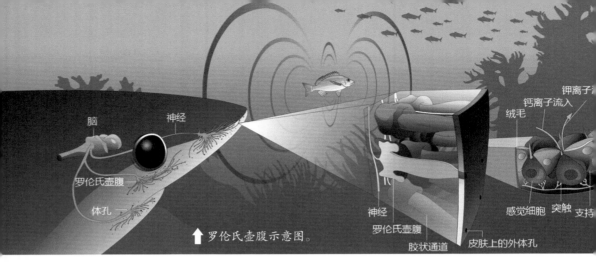

钾离子入

钙离子流入

绒毛

脑　　神经

罗伦氏壶腹

体孔

感觉细胞　突触　支持

↑ 罗伦氏壶腹示意图。

神经

罗伦氏壶腹

胶状通道　皮肤上的外体孔

它能检测出 1 厘米距离间 0.01 微伏的电压。

鱼类产生兴奋的物理原因清楚了，它与地震前兆现象有什么联系呢？鱼类究竟能感觉到地震的"什么东西"？原因之一是地电。地面具有导电性，当地球内部发生变化时，电阻跟着改变。如地壳出现裂缝，地下水往里面浸透，就容易导电。这种地电在地震前一个星期左右就有了，对电敏感的鱼类可能会闹。原因之二是水质变化。地壳运动时，从海底渗出来的地下水进入海水，使温度和盐分发生微妙变化。鱼类对这种变化特别敏感，会开始长途跋涉的游动。

1987 年，苏联生物学家在《科学与生活》杂志上发表文章，也建议利用鱼类预报地震。美国的地震危险区圣安德烈斯大断层周围 800 多个观测站里，饲养着各种动物，其中就包括鱼类，通过观察它们的反常行为，作为预报地震的"晴雨表"。

水生动物习性与地震之间的关系，科学家们虽然已经研究了半个世纪，但利用鱼类预报地震还远未达到 100% 的准确性，它只是提供了一种预报的可能。目前，从人们所掌握的资料看，鱼类的前兆反应多发生在震前一两天，异常反应的峰值则集中在震前数小时，它可以作为临震预报的一项重要参考依据。

深海绿洲：
充满生命的海底热液喷口
（1977.10）

都说"万物生长靠太阳"——植物靠阳光进行光合作用形成有机体，动物又靠植物维持生命，如果没有阳光，地球上的万物就不会生长。可是，美国"阿尔文"号深潜器所作的深海考察，却向这条亘古不变的生命定律提出挑战，证明没有阳光生命也能生长。

早在 1960 年，小皮卡德通过深潜马里亚纳海沟，向人类宣告了万米海底之下存在生命的事实。1977 年 10 月，美国《国家地理》杂志又报道了另一惊人发现。

1977 年 10 月，美国"阿尔文"号深潜器来到东太平洋，对科隆群岛附近的洋底裂谷进行考察，这里有众多活跃的海底火山。当"阿尔文"号徐徐下降到 2600 米深处时，身不由己地被一股力量向上拱起，同时感到整个深潜器开始发热。预感不妙的"阿尔文"号急忙向前移动，总算避开一场可能会发生的灾难。

考察者第一次发现了充满生命的海底热液喷口。这些奇怪的热液喷口高耸在 2600 米深的海底火山附近，就像烟囱一样，向外喷吐

着一股股羽状热水流，温度竟高达 350℃。

更奇怪的是，在热液喷口附近还栖息着各种各样前所未见的奇异生物：有几米长的血红色管状蠕虫，大得出奇的红蛤和海蟹，大量的牡蛎和贻贝，蛇状帽贝吞食着覆盖在岩石上的小细菌，还有一些类似蒲公英的生物，其放射状细丝附着在海底岩石上。它们不仅个体大，而且密度也高。但热液区以外的深海却像沙漠一般荒芜，偶尔可见几只红色八角珊瑚、几个小海星及海葵，点缀在黝黑的海底玄武岩上。

这一意外发现让现场的海洋学家大为惊奇。谁能想象到，在永远不见阳光的漆黑海底，还有如此让人难以置信的"深海绿洲"！

当海洋学家将这一发现告诉生物学家时，他们目瞪口呆，因为海底热液富含硫化物，喷发时温度高达 300℃～400℃，所以热液喷口附近浓度很高的硫化物，应该是生物无法生存的剧毒环境。

此后，"阿尔文"号陆续在大西洋和太平洋发现多个海底热液喷口，直到 1979 年在东太平洋海岭北部发现第一个冒着"黑烟"的高温"黑烟囱"，才进一步揭开"深海热液喷口生物群"的神秘面纱。生物学家对海底热液喷口生态系统的研究态度，也从勉强参与变得趋之若鹜，到 20 世纪 90 年代，从事海洋生物、生命起源、基因组学、酶学研究工作的生物学家几乎都希望能亲历这个令人激动的海底生物世界。

至 2000 年，在深海热液喷口附近发现的生物种类已有 10 个门，500 多个种属，特有种超 400 个，特有科 11 个，而且新发现的物种数量仍在不断增加。由此可见，海底热液喷口是大洋中生机盎然的生物乐园。

其实，海底热液喷口的环境与地球上生命形成初期的环境十分相似，都是高温、高压、黑暗、低氧、高酸，充斥着硫化氢和重金属的极端环境。生活在如此极端环境下的微生物是生命的奇迹，它们代表着生命对于环境的极限适应能力，蕴含着生命进化历程的丰富信息，因此是生物遗传和功能多样性的宝库，故海底热液喷口又被称为研究生命起源与进化的天然实验室。

海底热液喷口生态系统的发现，推翻了生命只能依赖阳光和光合作用的理论，揭开了海洋生态学和生命科学的新篇章，这是 20 世纪生物学和地球科学领域的最重大发现之一。

蓝色革命：
让鱼儿听话的海洋牧场

（1978）

现代社会，科技生产力的提高在农业领域引发了三次革命：科学种田，使粮食、蔬菜产量大幅度提高，称为"绿色革命"；畜牧业科技的进步，大幅度提高了畜禽、蛋奶的供应量，称为"白色革命"；渔业农牧化的革命，则被称为"蓝色革命"。其中，蓝色革命的成果如何呢？海洋牧场给出了答案。

神秘莫测的海洋，能不能像陆地上一样，对海洋鱼类进行放牧？如果海洋里能放牧鱼类，世界渔业产量就会成倍增加。这个方面，日本科学家为人们提供了成功范例。

日本于 1978—1987 年开始实施"海洋牧场"计划，并建成了世界上第一座海洋牧场——日本黑潮牧场。其中，每年仅投到人工渔礁的资金就达 589 亿日元，经过几十年的努力，现在日本沿岸 20％的海床已建成人工渔礁区。

1987 年，日本产业机械工业协会为了使世界上第一座海洋牧场现代化，出资在佐伯湾水深大约 20 米的海洋牧场中心设置了两个声控喂料浮标，同时在海底设置了 28 座适宜鱼类居住的轻量钢筋混凝土渔礁。

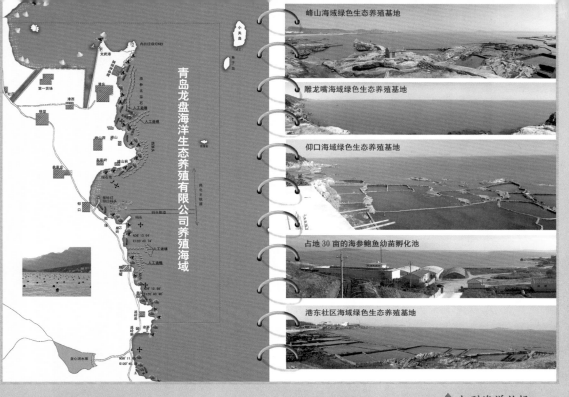

青岛龙盘海洋生态养殖有限公司养殖海域

峰山海域绿色生态养殖基地

雕龙嘴海域绿色生态养殖基地

仰口海域绿色生态养殖基地

占地30亩的海参鲍鱼幼苗孵化池

港东社区海域绿色生态养殖基地

⬆ 大型海洋牧场。

　　开发海洋牧场，当前已成为人类大力增加食品来源的努力方向，世界海洋渔业发达的国家日本、美国、俄罗斯、挪威、西班牙、法国、英国、德国、瑞典、韩国等，均把海洋牧场建设作为振兴海洋渔业经济的战略对策，正在试建或扩建海底渔场，其中以投放人工礁石效果最好。美国甚至把退役军舰、废弃的海上石油平台等沉入海底，作为人工渔礁，成为诱集鱼类的栖息场所。

　　海洋学家在蓝色革命中，还发展了多种生物技术和生态资源养护技术，比如孤雌繁育技术、病害防治与抗病品系筛选、多倍体育苗技术等等，都极大地提高了人类操控海洋生物的主动权。

　　蓝色革命，耕海牧渔，让虾兵蟹将、水师鱼军听从人类差遣，不仅为人类提供丰富的食物，还可把海洋建成为取之不尽的蛋白质和脂肪仓库。

海藻发电：
不愧为新的能源之星
（1978）

在当今世界性能源紧缺和"绿色"浪潮冲击下，人类将探索的目光转向丰富多彩、千姿百态的植物世界，其中美国斯坦福大学对海藻的研究结果更是令人匪夷所思。

在植物王国，海藻容易生长、收获，产量也高，又含有极其丰富的油类，被认为是当今最有开发前景的新能源之一。

把藻类作为能源作物的构想，起源于20世纪中叶。一系列实验证明，当周围环境缺少氮元素或硅元素等必需矿物质时，某些藻类在这种"饥饿"状态下会产生大量脂质，最终在细胞内形成油滴。虽然缺乏养分能刺激藻类产油，但养分太过贫乏又会造成藻类抑制细胞分裂，生长也过度放缓，总产油量将不升反降。因此，要让藻类大量产油，矿物质的含量控制必须十分精确。

兴味索然的研究者并没花费太多力气寻找微妙的最优条件，而是将研究搁置了约

↑ 微藻类清洁街灯。

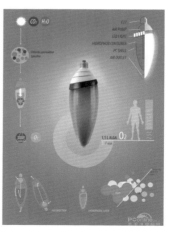

↑ 海藻发电——海藻电灯。

20 年。当 20 世纪 70 年代早期的石油
禁运导致油价一路走高时，美国政府
才猛然警觉自己对化石燃料的过度依
赖。这场危机最终推动美国能源部开
展了水生物种计划。

最初的研究是用藻类的生物质进
行厌氧分解，以产生甲烷（沼气）与氢气。1978 年前后的一系列实验，
也成功地把产气的成本控制在一个相当有竞争力的范围内。后来，随
着部分能大量产油的藻类被发现，脂类燃料即俗称的"生物柴油"才
成为研究重心，其中某些藻类内含的油脂（主要是三酸甘油酯）能占
到干重的 60% 以上。

从 1978 年到 1996 年，美国能源部下属的国家可再生能源实验
室 18 年间总计投入约 2500 万美元，从美国各地搜集了 3000 多种藻类，
测试它们在温度、盐度、酸碱度各异的水体中的产油能力，并最终筛
选出 300 多种希望之星，它们大多是绿藻和硅藻。

海藻发电伴随着生物柴油的发展，被人们寄予厚望。由于缺乏
既能高效培植海藻，又能将海藻提供给引擎燃烧的合适方法，燃烧海
藻发电在设想阶段停留了十几年。不过，日本、美国、英国的科学家
们并没有在实验室中止步不前：美国能源部和太阳能研究所积极利用
美国西海岸的巨型藻，研制成柴油；日本东京电力公司则积极培养

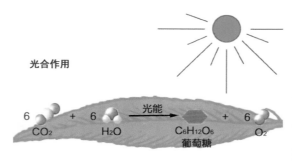

光合作用

$$6 CO_2 + 6 H_2O \xrightarrow{\text{光能}} C_6H_{12}O_6 + 6 O_2$$

葡萄糖

一种微细藻类，将其干燥后与催化剂一起进行燃烧，制取醇类燃料等用于发电；英国科学家则独辟蹊径，20多年前就开展利用海藻直接发电技术的研究——1993年1月，西英格兰大学率先宣布成功研制了海藻发电机。

化石燃料、生物柴油、海藻发电，这些方法利用的都是植物中积攒的太阳能。而海藻是光合生物，是依靠叶绿体固定太阳能的生产者，叶绿体因此被形象地称为"细胞发电站"，那么能不能直接从活细胞中提取电能呢？2010年，美国斯坦福大学的于文元博士根据光合作用可将太阳光转换为化学能量的原理，第一次利用海藻细胞成功地制造电流，并成功地从活细胞中提取了电能。

从海藻发电到海藻产电，人类利用海藻的技术又前进了一步。之后，来自荷兰的设计师麦克·汤姆森从海藻产电技术中获得灵感，利用藻细胞中的叶绿体获得电流来驱动灯泡。此外，该产品还具备光传感器，能调节产生的电流，为藻类的生存留下足够的能量。这款灯具的开创性设计，相信在不远的未来，便能进入千家万户。

海藻，不愧为新的能源之星，已成为同石油一样重要的海洋新能源。

⬇ 此设计的基础，就是城市的每一层都要遍植海藻。即海洋生物可以通过光合作用把阳光转化为能量，并且以油的形式存储起来，然后人类可以定期去收获这种生物能量，用来给城市发电供能。

古鲸长有四条腿：
鲸鱼曾经会走路
（1979）

马和海豚，谁会是母牛的嫡亲？日本和法国科学家采用分子生物学标记，发现属于鲸类动物的海豚，居然与牛存在着惊人的亲缘关系。分子生物学的证据显示：鲸同海豚与偶蹄目动物共有一个祖先。偶蹄目动物包括牛、河马、骆驼和猪等，马则属于奇蹄目动物。

众所周知，鲸是海洋中最大的动物，但它并不是鱼，而是生活在海洋中的大型哺乳动物。那么，鲸类的祖先究竟是什么动物？它们又是怎样从陆生回到水中的？由于缺乏化石证据，这个问题长期以来无法回答。

1977 年，密歇根大学古生物学家金格瑞西考察小组在巴基斯坦找到两块骨盆化石，似乎属于体形大、有腿的动

> **TIPS**
>
> 现代鲸包括须鲸和齿鲸两大家族，有 14 科 85 种，如抹香鲸、蓝鲸、露脊鲸等，它们在电影和纪录片中迷人的游泳姿态让人难以忘怀。鲸的尾鳍水平，游泳的时候上下摆动，不像鱼类那样垂直左右摆动，这是因为鲸的脊椎像陆生生物一样，只能自然地上下活动，而非从一侧弯向另一侧。

物。他们开玩笑地说那是"会走路的鲸鱼"，但当时并没人当真，结果他们发现的竟是接近古鲸演化点的化石。

1979 年，他们又在同一区域陆续发现半块颅骨、几颗牙齿、一

鲸与海豚

蓝鲸

长须鲸

塞鲸

弓头鲸

灰鲸

侏露脊鲸

南/北露脊鲸

布氏鲸

抹香鲸

座头鲸

贝氏喙鲸

短肢领航鲸

长肢领航鲸

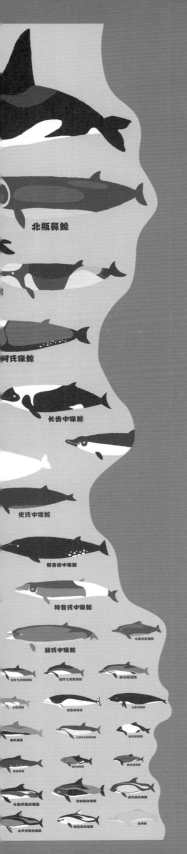

北瓶鼻鲸

柯氏喙鲸

长齿中喙鲸

史氏中喙鲸

报杏齿中喙鲸

特鲁氏中喙鲸

赫氏中喙鲸

块狼形吻部以及一块十分完整的中耳化石。经过5年研究，古生物学家断定，金格瑞西发现的这些化石是一种最原始的古鲸骨骼化石，就是"会走路的鲸鱼"。这种会走路的原始鲸身长约1.8米，重约150千克。

1993年，在巴基斯坦进行发掘工作的古生物学家又意外地发现一具约5200万年前的四足动物骨架，叫"会游泳的爬行鲸"，它清楚地显示了该四足动物进化为海洋动物的最初阶段。这种鲸的祖先体形有海狮般大小，重约300千克。与现代鲸不同的是，鲸的远祖前肢短，后肢较长而粗壮，能使它像海狮那样爬上海岸，在水中也可以灵活地利用后肢参与整个身躯的波浪式运动。据推测，它能在浅水区成功地捕猎鱼类。

1994年初，还是在巴基斯坦，科学家又发现一块古鲸化石，这一发现更加完善了鲸的"家谱"。这种3米长的动物出现在4600万至4700万年前，已具备一系列与爬行鲸不同的特征，而无须再像它的先辈那样爬上陆地了。古鲸骨架是在沉积岩中发现的，这种沉积岩形成于很深的海底。海洋学家指出，这一事实说明，鲸的祖先已非常适应本属于鱼类的海洋空间，并最终失去它的后肢。

2000年前后，科学家们在埃及、智利、美国、新西兰又陆续发现一些古鲸化石，这些都成为鲸从陆地进入海洋的后续演化证据。科学家们推测，

古鲸从陆地回到海洋进化为现代鲸，经历了大约1000万到2000万年。不过，2011年2月，阿根廷和瑞典联合科考队在南极发现的古鲸化石改变了科学家的推测。这是鲸的一块颌骨化石，上面保留着尖利的牙齿。通过研究，科学家们确认它属于一条身长为4至6米，距今4900万年的古鲸，脚掌已经消失，完全适应了海洋生活。要知道，在此之前，人类发现的最古老的鲸化石距今约3800万年。而这块古鲸化石一下子将现代鲸的出现从3800万年前提前到4900万年前，意味着古鲸演化到现代鲸仅用了短短几百万年。

一些研究鲸类起源的专家认为，在6000万年以前，随着陆地哺乳动物种群的数量一个接一个达到过剩状态，不但增强了动物栖息和摄食压力，也可能刺激鲸类祖先向海中发展，开拓新的栖息领域。

看，鲸与蓝色星球还有许多奇妙的进化故事，等着人类去发现呢！

南极长城站：
中国第一个南极考察基地

081

（1985.2）

1983 年 6 月，中国以缔约国身份加入了《南极条约》。由于在南极没有自己的考察站，中国在南极国际事务中没有表决权和决策权。1985 年 2 月 20 日，中国第一个南极考察基地——中国南极长城站胜利建成，宣告了中国正式进入国际南极科学考察舞台。

南极洲也称"第七大陆"，是围绕南极的大陆，四周被太平洋、印度洋和大西洋所包围，也是地球上唯一没有人类定居的大陆，总面积 1400 余万平方千米，几乎全被冰川覆盖，占全球现代冰被面积的 80% 以上。

1959 年 12 月 1 日，苏联、美国、英国、澳大利亚、法国、挪威、比利时、日

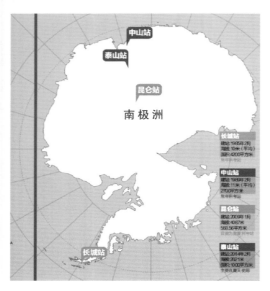

南极洲

长城站
建站1985年2月
海拔10米（平均）
面积4200平方米
亚夏季使用

中山站
建站1989年2月
海拔11米（平均）
2700平方米
常年科研站

昆仑站
建站2009年1月
海拔4087米
558.56平方米

泰山站
建站2014年2月
海拔2621米
1000平方米
夏季临时使用

◀—中国南极考察站地理位置图。

本、新西兰、阿根廷、智利和南非等12国在华盛顿签订《南极条约》。该条约于 1961 年 6 月 23 日生效，规定南极非军事化，冻结法律地位，除禁止提出新的主权要求外，对曾经提出的主权要求既不承认也不否认。

1984 年 2 月，中国科学院颁发"竺可桢野外科学工作奖"，获奖的王富葆、孙鸿烈等 32 位科学家以"向南极进军"为题，联名致信党中央和国务院，建议中国在南极洲建立基地，进行科学考察。同年 6 月，国务院批准了国家海洋局、南极考察委员会、国家科委、海军和外交部联合上报国务院、中央军委的"关于我国首次组队进行南大洋和南极洲考察的请示"。从此，中国首次南极建站的各项准备工作就紧张而有序地展开了。

1984 年 11 月 20 日上午 10 时，由 591 名队员组成的中国首次南极科学考察编队，乘坐"向阳红 10"号调查船和"J121"号打捞救生船，连同之前 4 个多月筹备的 500 多吨共千余种各类建站物资，从上海起航，开始首次远征南极的历史性旅程。

1984 年 12 月 25 日 12 时 31 分，"向阳红 10"号驶入南纬 60° ——我国自己组织的考察队第一次进入南极地区，考察队员们沸腾了。但兴奋很快就被现实打败——预想建站点

⬇ 如今，中国已在南极洲拥有长城站、中山站、昆仑站和泰山站 4 个科学考察站。

被乌拉圭占据，中国只得重新选址。在终日冰雪覆盖的南极建立考察站，只能在短暂的夏季施工，也就是从每年 11 月中旬到翌年 3 月中旬。如果当年夏天不能完成任务，就要延误一年。由于"向阳红 10"号调查船不具备破冰能力，一旦夏季结束，海面结冰，危险将难以估量。

时间紧迫，经过短短 4 天的实地勘察，中国便将第一个南极科学考察站选址于乔治王岛麦克斯韦尔湾。这里属卵石滩型，硬度适中，海岸线长，滩涂平坦，有三个淡水湖，水质良好，适宜多学科考察，而且和其他站区距离远，较独立，但距智利马尔什基地机场较近，交通便利。

1984 年 12 月 31 日，南极洲乔治王岛上，在"东方红"拖拉机的轰鸣声里，长城站奠基。现场的中国科学家、官员、记者、海军战士全变成工人，顶风冒雪，夜以继日。短短 45 天后，北京时间 1985 年 2 月 20 日，中国第一个南极考察基地——中国南极长城站胜利建成。

中国成为世界上第 18 个拥有南极科考站的国家。1985 年 10 月 7 日，中国成为《南极条约》的缔约国，从此对国际南极事务有了表决权和决策权。

徒步横穿南极大陆：
最艰苦卓绝的探险
（1989）

082

南极大陆是一个充满神秘色彩的地方，也是一个充满死亡危险的地方，曾吞噬过许多探险家的生命。但是，困难和危险吓不倒热爱科学、追求真理的科学家们。1989年，历史上第一次徒步横穿南极大陆的创举开始了。

20世纪初，探险家们开始进入南极内陆：1902年英国人斯科特率队到达南纬82°17′，虽无功而返，却建立了第一个科学考察站；1911年12月14日，挪威人阿蒙森及其4名伙伴第一个到达南极点。与此同时，斯科特再度向南极点进军，返回途中遇难。后来，美国南

↑ 国际横穿南极探险队在南极点合影。（秦大河提供）

极点科学站命名为阿蒙森—斯科特站，以示纪念。

第二次世界大战后，人类对南极的探险转向科学考察。至1989年，在南极大陆四周，陆续有10多个国家设立了140多个科考站。由于南极大陆的腹地仍旧是谜，美国和法国联合发起并组织了一支考察队，准备完成人类历史上第一次徒步横穿南极大陆的伟大创举。

考察队6名成员分别来自美国、法国、苏联、英国、日本和中国，

是名副其实的国际考

察队，其中美国地质学家斯蒂格和法国探险家

艾地安为队长，英国的萨莫斯负责考察队的导航工作，日本的舟津圭三负责考察队狗的驯服和喂养，苏联的维克多负责气象和大气物理科学考察，中国科学家秦大河负责冰川学考察。

1989 年 7 月 26 日，国际横穿南极考察队的全体队员，从中国长城站飞抵位于南极半岛拉尔森冰架北端的出发点——海豹冰原岛峰。7 月 27 日，队员进行了数千米试行。28 日当地时间上午 9 时，6 名队员、41 条经过 3 年训练的因纽特犬拉着 3 架雪橇，正式踏上仅靠狗拉雪橇和滑雪板横穿南极大陆的征途。

在 1989 年 8 月至 10 月间，70% 的时间为暴风雪天气。由于气候恶劣、地形复杂，考察队历尽艰险，于 11 月 7 日走完第一段 2100 千米的艰难路程，比预订计划晚了 25 天。11 月 10 日，考察队重新踏上征途。暴风雪依然无情，虽然南极暖季已经开始，但最高气温只有 –27℃，最低温度则低达 –40℃。考察队员们带着冻伤，以英勇顽强、一往无前的精神，终于在 12 月 12 日胜利到达极点。

12 月 15 日，考察队从极点开始向苏联东方站进发。东方站曾记

录到 –89.9℃ 的绝对最低气温，被称为世界"寒极"。但考察队员们并未被吓倒，他们仅用 35 天就走完 100 多千米路程，于 1990 年 1 月 18 日到达东方站。

从东方站到南极大陆东部的苏联和平站，是此次横穿南极的最后一段。考察队也遭遇了此次横穿征途中最低气温 –49℃。特别是离目的地和平站还有 26 千米时，日本队员舟津圭三突然失踪了！队友们着急地找了他一夜，直至第二天清早才发现他像因纽特犬一样，在自己身上盖了一层雪来保温，在野外度过一夜，幸好迷失方向的他没有冻坏。

6 名队员经过最后一天的冲刺，终于走完全长 5986 千米的路程，于 1990 年 3 月 3 日当地时间下午 7 时 10 分，安全抵达此次横穿南极活动的目的地——苏联和平站，完成了史无前例的南极大陆上的"万里长征"。但是，考察队的 41 条雪橇犬在抵达终点时只剩下 26 条。

在 7 个多月的横穿南极探险中，6 名队员生死与共，顽强探索，向全世界诠释了"合作、和平与友谊"的伟大。这是 20 世纪以来，人类在到达地球两极、登上地球之巅珠穆朗玛峰、飞上月球之后取得的又一次具有重大意义的胜利。

"补脑神品" DHA：
人人都说吃鱼好
（1990）

英国自古有"鱼是智慧食物"的说法，中国则说"吃鱼可使人聪明"。研究表明：人吃鱼之后，会从鱼体内获得一种重要的营养物质——DHA。这是大脑营养必不可少的高度不饱和脂肪酸，素有"补脑神品"之誉。不夸张地说，DHA 在人的一生中都起着不可替代的重要作用。

早在 1972 年，英国脑营养化学研究所的克罗夫特教授就提出"DHA 不足，将造成脑发育障碍"的假说。之后，英国、美国、德国、法国、意大利、瑞士以及日本科学家为证明这个假说，进行了大量科学实验。

随着科学技术的飞速发展、研究方法与实验仪器的不断进步，"鱼体内含有的 DHA 可使人头脑聪明，而 DHA 不足将造成脑发育障碍"的观点，逐渐被各国学者

↑ DHA。

TIPS

DHA，是二十二碳六烯酸（Docosa Hexaenoic Acid）的英文缩写，它是一种 ω-3 不饱和脂肪酸，作为大脑营养必不可少的高度不饱和脂肪酸，对大脑细胞有着极其重要的作用。实验表明，DHA 摄入充分，大脑中的 DHA 值升高，就能活化大脑神经细胞，改善大脑功能，提高判断能力。

⬆ 通常，海水鱼中的 DHA 含量多于淡水鱼，深海鱼中的 DHA 含量要比沿岸和近海的鱼类多，冷水性海鱼的 DHA 含量多于温水性海鱼。

所证明。1990 年，克罗夫特宣布"证实 DHA 有增强大脑功能的作用"，并推测 DHA 在人类进化史中起着很大作用，即人类通过吃鱼，摄取 DHA 增强大脑功能，促进人类的进化。

关于 DHA 对人类智商的影响，英国学者罗卡森等发表了令人吃惊的研究结果：含有 DHA 的母乳（出生后 2~5 天的初乳中含 DHA1.46%）喂养的孩子，8 岁后平均智商指数为 103；而不含 DHA 的奶粉喂养的孩子，8 岁后平均智商指数为 92.8。

DHA 为什么能使人的智商提高呢？科学家研究发现，人脑脂肪中大约有 10% 是 DHA，存在于神经细胞膜及突触中，对脑神经传导和突触的生长、发育有着极其重要的作用，这也许正是 DHA 能使人头脑聪明的原因。实验表明，DHA 摄入充分，大脑中的 DHA 值升高，能活化大脑神经细胞，改善大脑功能，提高判断能力。

哺乳期妇女若能经常吃鱼，会为婴儿的大脑和神经系统发育提供丰富的 DHA。据调查，每 100 毫升母乳中的 DHA 含量：美国人约

7 毫克，澳大利亚人约 10 毫克，日本人约 22 毫克。其中日本母乳中的 DHA 含量是美、澳的 2 ～ 3 倍，原因就在于日本人吃鱼比较多，从而摄取了大量的 DHA。日本人常食鱼贝，欧美人喜食肉食，食性不同也导致人们摄取营养物质的差异。

　　DHA 是脑细胞和脑神经生长发育、保持正常运作的必需之物。它还可以促进神经网络的形成，改善心脑血管功能和大脑供血状况，使大脑的自我营养体系得以完善，并能对因年龄等因素萎缩、死亡的脑细胞起到明显的修复作用。

　　科学研究还发现，DHA 在人体内不能合成，只存在于鱼类及少数水产动物中，谷物、豆类、薯类、牛奶、猪油、奶油、植物油、蔬菜、水果等食物中，几乎都不含 DHA。因此从营养和健脑的角度，人们要想获得足够的 DHA，最简便、有效的途径就是——吃鱼，经常吃鱼。

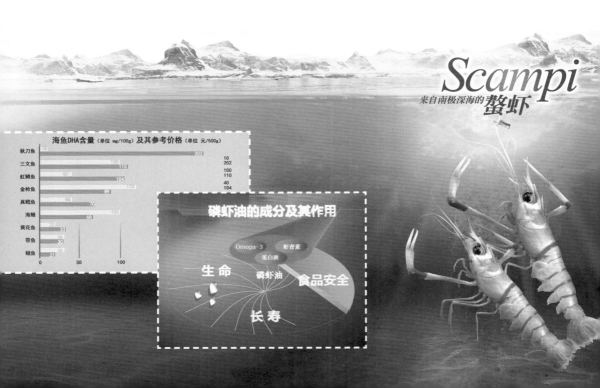

贝加尔湖之谜：
淡水湖中为何也有海洋生物
（1991）

贝加尔湖号称世界最深和蓄水量最大的淡水湖，与海洋从未有过直接联系。可是，贝加尔湖中却生活着海豹、海绵、龙虾、鲨鱼、奥木尔鱼等众多海洋生物。这些淡水海洋生物来自何方？它们又是怎么进入贝加尔湖的呢？

碧波万顷的贝加尔湖，人称"西伯利亚的蓝眼睛"，位于俄罗斯东西伯利亚高原南部苍翠的山峦之中。由于湖的形状宛如一弯新月，它又有"月亮湖"之称。

让科学家们难以理解的是：贝加尔湖的湖水一点儿咸味也没有，湖中

⬆ 贝加尔湖海豹。

却生活着许多地地道道的海洋生物，如贝加尔海豹、海绵、龙虾、海螺、鲨鱼等。贝加尔湖究竟是湖还是海？如果贝加尔湖是湖，为什么生活着那么多海洋生物？如果是海，为什么蓄的是淡水？

贝加尔湖的确是淡水湖，蓄水量多达 23 万亿立方米，约占全球地表淡水总量的五分之一，是世界最大的淡水湖，人称"淡水的海

洋"。但从古至今，当地人都不把贝
加尔湖叫湖：通古斯人叫它拉姆，
意思就是"海"；蒙古人称它为达
赖诺尔，意思是"圣海"；住在
湖岸的布里亚特人称其为贝加尔达
拉伊，意思是"自然的海"。就连我国古书上也把贝
加尔湖叫作"北海"，汉代苏武牧羊的故事就发生在这里。

贝加尔湖美景美女

　　贝加尔湖平均深 730 米，中部最深达 1620 米，比许多海还要深，
它的蓄水量相当于 92 个亚速海，也超过波罗的海的海水总量。因此
过去有学者认为，贝加尔湖在地质史上是与大海相通的海湾，那些海
洋生物是从古代的海洋进入贝加尔湖的。

　　20 世纪 50 年代初，科学家在贝加尔湖畔打了几个很深的钻井，
在取上来的岩芯样品中，没有发现任何 7000 万年以前的沉积岩层。
这表明当时贝加尔湖地区既没有被海水淹没过，也不存在湖泊，在很
长的时期内一直是陆地。贝加尔湖是在地壳断裂活动中形成的断层湖，
从而否定了湖中海洋生物是海退遗种的说法。

　　究竟这些淡水海洋生物是贝加尔湖的土著居民，还是外来的移
民，至今科学界尚无定论。不过，科学家们发现，贝加尔湖受欧亚板
块和印度板块的相互碰撞影响，正以每年 2 ～ 3 厘米的速度扩展，数
千万年后，贝加尔湖或许就会成为真正的海洋。

　　1991 年，贝加尔湖国际环境保护研究中心成立，现在它已成为
研究气候变化、动物多样性、水文化学、大气化学等学科的著名国际
实验室。来自世界各国的科学家正展开雄心勃勃的生态体系探测计划，
试图解开这个欧亚大陆最大的湖泊之谜。

佩利加里：
创下屏气潜水的世界纪录

（1993.10.11）

　　自由潜水被《福布斯》杂志称为世界上第二危险运动，仅次于高空跳伞。但一个天生怕水的意大利人，竟成为屏气潜水的世界纪录创造者，并在 11 年潜水生涯中创造了 19 个世界纪录。这个用自身力量打开神秘海底世界大门的人，就是奥伯特·佩利加里。

　　几千年来，人们都是靠屏气潜水，从事海底采集工作。在与海洋斗争的漫长过程中，人们在水下停留的时间越来越长，下潜的深度也越来越深。

　　所谓屏气潜水，也称素潜，通常采用两种方式：一种是潜降时负重，用脚蹼上浮，即可变负重式素潜；另一种是往返均按自选的同一负重，凭体力上浮，即固定负重式素潜。

⬆ 佩利加里：创下屏气潜水的世界纪录。

264

一般潜水员屏气潜水的时间为 1 分钟左右，深度只有 10 ～ 15 米。第一个创下不用呼吸器的自由潜水世界纪录的，是意大利人布克尔——1949 年，他在那不勒斯湾下潜 30 米。此后，屏气潜水的世界纪录不断被刷新：1960 年是 49 米，1971 年是 77 米，1974 年是 87 米，1976 年是 100 米。至此，自由潜水的深度似乎达到了极限。

1983 年 11 月 23 日，法国人马约尔用可变负重式素潜首次突破百米大关，创下 105 米的深潜纪录。1989 年 10 月 3 日，意大利人帕蒂尼成功地下潜到 107 米。一个月后，32 岁的古巴人罗德里格斯将这一纪录提高到 112 米，1991 年 6 月他又以 115 米打破自己的纪录。

当然，115 米并不意味着深潜竞争已告结束。1993 年 10 月 11 日，对于 28 岁的意大利人佩利加里来说是一个难忘的日子。在意大利的蒙特克里斯托岛，他创下了屏气潜水 123 米的世界纪录。

123 米深度，意味着 13 个大气压，在一般人眼里这是无法承受的压力。且不说可怕的潜水病，在水下压力达到 13 个大气压之前，普通人的肺叶早被压破了，但神话在佩利加里身上变成了现实。之后，佩利加里不遗余力地向新的深度——150 米冲刺，他要用自身的力量打开那神秘的海底世界大门。

1999 年，佩利加里接连创造两项自由潜水世界纪录：一个是屏气 2 分 57 秒深潜 150 米，然后靠氧气瓶上潜的世界纪录；另一个是无负重、无氧气瓶，屏气 2 分 50 秒深潜 80 米的世界纪录。

2001 年 11 月 3 日，在意大利南部的卡普里附近海域，自由潜水冠军佩利加里进行职业告别潜水表演时，又创造了负重下潜、无氧气瓶上潜方式新的自由潜水世界纪录——131 米：佩利加里在 7 人组成的辅助潜水小组陪同下，负重 30 千克，以平均每秒 3 米的速度下潜。到达 131 米深度后，他摘取水中绳索上的深度标记，抛弃重物，然后

↑ 屏气潜水，也就是素潜，有一个重要的条件，就是在满足生理需要的前提下，努力减少对氧的需求。素潜者必须具有好的身体，在摄氧量远远低于正常水平的情况下，仍能维持正常活动。

再沿着绳索上浮，全程屏气 2 分 44 秒。佩利加里的这一纪录，比之前的纪录保持者杰诺尼的 126 米又深了 5 米。

意大利自由潜水专家皮里兹说："自由潜水是进入另一个世界，没有重力，没有颜色，没有声音，是一次进入灵魂的跳远。"那么，佩利加里天生就是一个可以像鱼一样在水里自由遨游的天才吗？答案却是否定的——他是一个怕水的屏气潜水冠军！

佩利加里出生于意大利北部阿尔卑斯山下一个远离大海的小镇，他天生怕水，甚至见到淋浴也望而却步。四岁时，为了改变他这种与男人不相称的性格，母亲送他去了当地的游泳俱乐部。在与伙伴们嬉闹戏水中，佩利加里对水中世界产生了浓厚的兴趣，尤其是一种比试耐力的游戏使他格外着迷，这就是水下屏气。没想到，这个原本怕水的男孩儿，日后竟成了屏气潜水的世界纪录创造者。

亚马孙河曾流入太平洋：086
都是地质结构巨变惹的祸
（1993）

　　号称世界上流域最广、水量最大的亚马孙河，7000 万年前曾流入太平洋吗？为这一惊人结论提供证据的，竟是亚马孙河淡水中魟鱼身上的寄生虫。而且，如今这个遍布热带雨林、约占南美大陆面积 40% 的流域，1000 万年前竟是汪洋大海——原来，都是地质结构巨变惹的祸！

　　亚马孙河被誉为"河流之王"。它发源于秘鲁安第斯山，一路汇集百川之水，进入著名的亚马孙平原，流经秘鲁、厄瓜多尔、哥伦比亚、委内瑞拉、圭亚那、苏里南、玻利维亚和巴西等 8 国，最终在巴西马拉

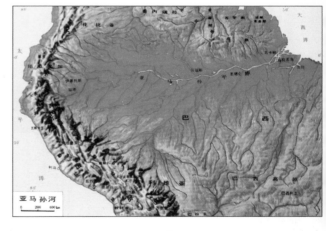

↑ 亚马孙河流域。

若岛附近注入大西洋。由于亚马孙河大部分在巴西境内，巴西人又自豪地称之为"河海"。

　　亚马孙河流域近赤道多雨，水量终年充沛，号称世界上流域最广、水量最大，但长度上通常被认为不及埃及的尼罗河。由于源头测

↑ "地球之肺" 亚马逊热带雨林。

定的难度很大且标准不一，亚马孙河的长度一度具有极大的"伸缩性"，长度数据介于 7025 千米与 6275 千米间的许多种。

2008 年 7 月 2 日，巴西空间研究院宣布，根据卫星拍摄的图像以及巴西与秘鲁两国科学家的科学考察，亚马孙河全长达到 6992.06 千米，而尼罗河长度为 6852.15 千米。此项研究表明，亚马孙河不仅是世界上流量最大的河流，也是世界上最长的河流，比尼罗河还长 140 千米。

而早在 1993 年，加拿大多伦多大学的研究人员便得出结论——大约 7000 万年前，当非洲大陆和南美洲大陆分离时，就有了亚马孙河，不过其流向与现在的相反。当时亚马孙河起源于巴西，流入太平洋，而不是大西洋。

在此后的 7000 万年中，南美洲的地质结构发生了巨大变化，安第斯山的形成阻断了亚马孙河流入太平洋的通道，先是使这条河变为一个巨大的内陆湖，后来迫使它寻找另一个出海口。由于南美大陆东北部地势变低，于是亚马孙河改变流向，最终流入大西洋。

加拿大科学家对生活在亚马孙河淡水中的虹鱼身上的寄生虫进行研究时发现，这些寄生虫与太平洋的一些寄生虫有亲缘关系，而与大西洋的寄生虫没有任何关系。由此他们认定，亚马孙河曾与太平洋相通。他们提出的新想法使科学界受到很大鼓舞：寄生物可能成为研究地球及其物种演变的一个重要线索。

1997 年，芬兰和巴西学者在美国《科学》杂志上发表了一份研究报告，第一次阐明了"亚马孙地区原先是大海"的论断。这一论断是建立在两个科学研究的基础上：一是对河床岩石、沉积层和地表上层留下的痕迹所作的分析，二是对海洋动物化石所作的研究。

至于亚马孙海是什么时候形成的，现在还没有定论。当亚马孙地区是汪洋大海时，整个南美洲又是什么样？科学家们认为，当时的海洋淹没了南美洲大部，只剩下圭亚那高原、巴西高原和安第斯山脉这些当时"大海中的陆地和岛屿"。大约在 1000 万年前，海水退去，先是形成以萨凡纳草原为主的植被，后来才发展为如今的热带雨林。

绝佳生长环境：
生长在世界最大的热带雨林
——巴西亚马孙流域

适宜的生长气候：
阳光充足、雨水充沛

珍贵涌泉水灌溉：
无污染的地下涌泉水灌溉

英法海底隧道：
一梦 200 年，海峡变通途

（1994.5.6）

　　英法海底隧道横穿英吉利海峡最窄处，西起英国东南部港口城市多佛尔附近的福克斯通，东至法国北部港口城市加来。英法海底隧道的建成，使隔断英伦三岛与欧洲大陆的天堑变成通途。隧道的开通填补了欧洲铁路网中短缺的一环，大大方便了欧洲各大城市之间的往来。

　　在英国和法国之间隔着一道海峡，英国叫它英吉利海峡，意为英格兰的海峡；法国称之为拉芒什海峡，意为袖子，因为海峡上窄下宽，如同法国右臂上的衣服袖子。该海峡呈东北（狭窄）—西南（宽阔）走向，状似喇叭，其东部最狭处仅 33 千米，英国称之为多佛尔海峡，法国称之为加来海峡，都是根据自己一侧的海港城市命名的。

　　英吉利海峡西通大西洋，东北通北海，平均水深 53 米，最深 172 米，其中多佛尔海峡水深 35 ～ 55 米，为国际航运要道、欧洲大陆去英国的最短海道，自古即是兵家必争之地，历史上曾在此发生过多次军事冲突和海战。

　　自古以来，英国同欧洲大陆的联系主要通过英吉利海峡，所以海峡间的运输极为频繁，以 1984 年为例，往返运输客运为 2000 万人次，货运达 2000 万吨。如此繁忙的往来，使人们越来越感到解决海峡运输问题已势在必行。

英法海底隧道又称英吉利海峡隧道或欧洲隧道，从英国多佛尔附近的福克斯通至法国加来。它由 3 条长 51 千米的平行隧洞组成，其中海底段的隧洞为 3×38 千米，是海底段世界最长的铁路隧道，也是世界第二长的海底隧道。

英法海底隧道造价约 150 亿美元，于 1987 年 12 月 1 日开工，1990 年 12 月 1 日贯通，1993 年 12 月 10 日移交给运营单位，1994 年 5 月 6 日正式通车。英、法、比利时三国铁路部门联营的"欧洲之星"，在伦敦与巴黎之间运行 3 小时，在伦敦与布鲁塞尔之间运行 3 小时 10 分，而从伦敦飞巴黎，航程一般为 3 小时左右。

英法海底隧道是人类工程史上的一项伟业，不仅因为它总长居世界之冠，而且工程浩大，从隧道中挖出的土石方总计 750 多万立方米，相当于 3 座埃及大金字塔的体积；隧道衬砌中用的钢材，仅法国一边就相当于 3 座埃菲尔铁塔。更重要的是，将成熟的先进技术综合应用在复杂的工程中，成功地解决了许多工程技术上的难题，大大减

➡️英法海底隧道。

小了工程风险。

英法海底隧道的设想源远流长，因为200年来对是否建造英法海底隧道，始终不是取决于科学技术，而是取决于围绕这个计划的政治环境。如今建成的英法海底隧道，与当年的设计并无二致：隧道在尺寸上出奇地相似于海底隧道之父德·干蒙当年手绘的通道，开凿隧道使用的技术沿用了英国伊萨姆巴德父子的盾构法，而双隧道的做法直接则借鉴了威廉·诺的图纸。

近20年来欧洲隧道的建设历史，既是欧洲一体化进程的产物，又是推动力，两者相辅相成。"隧道连接地区"已成为专门名称，包括英国、法国和比利时的一些地区，称作欧洲专区。难怪人们称誉此工程：一梦200年，海峡变通途。

↓ 英法海底隧道。

海底观测站：
揭示海洋之谜的"海底直播室"

（1994.9）

088

如果把海面看作地球科学的第一观测平台，把空中的遥测遥感看作第二观测平台，那么新世纪在海底建立的将是第三观测平台。从海底观测地球，将会揭示地球系统的"运作"之谜，因为海底观测系统把深海大洋置于人类的监测视域，从根本上改变了人类认识海洋的途径。

传统的海底观测活动，都是通过钻孔取样和在钻孔中布放仪器进行定点观测。为了观察海洋板块的运动，监控海洋生物或研究海床的盐度和温度变化等，科学家们需要建造水下实验室，将观测仪器设备布放到海底去，并将设在海底和埋在钻井中的监测仪器联网。

⬆ 海底地震仪（OBS）。

1994 年 9 月，世界上第一座深海底观测站在日本相模湾初岛东南海面水下 1177 米深的海底开始启用。这个海底观测站由彩色电视、地震计、水中接收器、地下温度计、盐分水温深度测量仪和海水流向流速计等观测仪器构成，观测人员通过光纤和电缆，即可实时地将观测数据传送给初岛的观测局。在此之前，深海调查都是用深海观测

← 国家 863 计划重点项目课题 "海底观测网络接驳盒及输能通信技术"。

船进行的，因而调查范围受到限制，有了海底观测站后便可大大扩大深海调查范围。深海底观测站虽然不能自由移动，但它能连续几个月甚至几年观测地球活动及变化情况，而且还能捕捉到突发现象，从而获得曾经"深不可测"的海洋内部信息。

20 世纪 90 年代末，维多利亚水下实验网（VENUS）观测站在加拿大英属哥伦比亚省南部建立。通过海底铺设的光纤电缆，可以联机照相机、录像、高分辨率声呐系统甚至遥控潜水器，只需接通电源，就可以坐在世界上任何一个地方的办公桌旁，实时掌握这些设备观测到的情况。

中国正在建设 50 千米的东海海底观测网，届时研究人员足不出户，在观测室里就能实时洞悉海底动态。

光源

机器手

化学 / 生物实验室

声呐成像

立体摄像机

TIPS

国外海底观测站的主要模式有两种，单框架式和光纤电缆组网式，根本区别在于数据的实时通信能力和持续观测能力。在深海，光纤电缆组网式海底观测站的一次性投入大，光纤电缆的使用寿命一般不超过 30 年，但由于光纤电缆的实时通信能力和长时间的供电能力，被称为揭示海洋之谜的"海底直播室"。

一个面积巨大的冰下湖：
南极并非是贫瘠的极地沙漠

（1994.11.4）

089

近几十年来，科学家已在南极洲冰盖下发现145个大小不一的冰下湖泊，其中位于俄罗斯东方站以北冰盖下约3700米深处的东方湖，是迄今发现的最大冰下淡水湖。这一重大地理发现表明，南极洲并非人们想象中的贫瘠之地，在厚厚的冰层下很可能隐藏着生机盎然的"生命绿洲"。

1957年，苏联科学家在最靠近南极点的地方建了名为"沃斯托克"的考察站（又名东方站）。1960年，参加苏联南极探险队的地理学家安德烈·卡皮查，在乘飞机飞越沃斯托克上空时发现冰原上有巨大的平坦地区，他认为下面有湖，堪称提出南极洲存在冰下湖的第一人。

1973年，英国科学家声称，他们通过空中探测发现，在东方站以北的冰层下，可能存在一个巨大的液态淡水湖。1991年，英国科学家利用ERS-1号卫星对南极冰盖中心进行探测，证实了1973年的发现。1994 年 11 月 4 日，在意大利罗马举行的第 23 届国际南极研究科学委员会大会上，俄罗斯地学专家卡彼特萨给冰川学家、地质学家、地球物理学家、生物学家和环境专家们传递了一个前所未有的信息——东南极洲巨大冰盖下存在一个面积巨大的冰下湖！这就是东方湖，又称沃斯托克湖。

当时的探测资料显示：东方湖面积约 1.5 万平方千米，平均水深 125 米，湖泊两端底床低于海平面 700 米，蓄水量约 1800 立方千米。东方湖处于高压（大约 350 个大气压）、低温（大约 –30℃）、低营养物输入和永久黑暗的环境。毫无疑问，东方湖是一个超大型净水系统，其纯净度是经过两次蒸馏处理的水的两倍，有可能是如今地球上最原始、最纯净的水体。

从发现到触及南极冰下最大的淡水湖，俄罗斯研究人员花了近 20 年的时间。20 世纪 90 年代中期，俄罗斯科研人员开始对东方湖进行探测。自 1998 年以来，科研人员用无线电和地震波探测仪、数码成像装置、卫星导航系统，对东方湖进行了 235 次探测。根据最新的考察结果，东方湖已被冰层持续覆盖了至少 100 万年。目前，东方湖水面以上的冰层厚度高达 4350 米，而湖西的冰层近年仍在不断增厚。东方湖的湖面低于海平面以下 200 米，湖水最深处距湖面约 1200 米。

TIPS

在过去 20 多年间，研究人员已在南极洲冰盖下发现了约 145 个大小不一的冰下湖泊，而东方湖是迄今发现的最大冰下淡水湖。为什么南极冰层下还有未结冰的湖泊？原因是，湖面上极厚的冰盖像厚厚的毯子，能保存地热能，使湖水不会结冰。除了俄罗斯，2012 年英国科学家将目光锁定在深度约 150 米的艾斯沃斯湖，采用热水钻探技术，目的是寻找这里曾经有过的古代生命的生存线索，揭示古地球气候演化的历程。美国科学家则选择了惠兰斯湖进行研究。

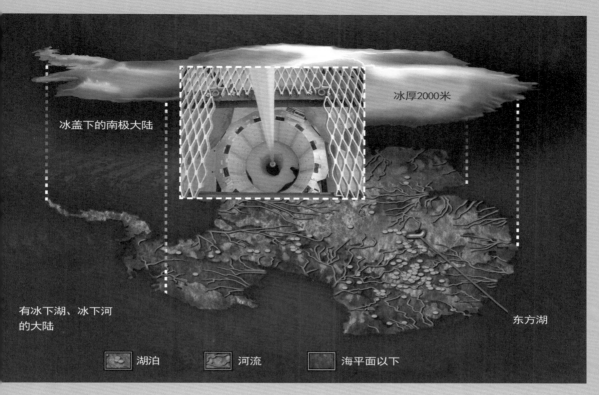

冰盖下的南极大陆

冰厚2000米

有冰下湖、冰下河
的大陆

东方湖

| 湖泊 | 河流 | 海平面以下 |

⬆ 南极深处湖泊钻探实验示意图——冰下湖。

湖底沉积物的平均厚度约为100米,部分湖区的沉积物厚度达300米。与湖东岸相比,湖西岸的倾斜度较大,湖岸线异常曲折。到目前为止,约有20千米长的湖西岸轮廓线尚未能完全分辨清楚。

东方湖已与世隔绝了100万年以上,它极有可能是史前微生物的一处"避难所"。俄罗斯考察队正在进行钻探作业,将冰层钻穿,以便了解南极冰层下到底隐藏着什么,希望在这里发现一个与地球其他地方都不一样的生态系统。

另外,南极洲以冰层和冰下水体的形式,拥有地球上约70%的淡水。科学家认为,南极洲冰下湖可能隐藏着地球气候变化的记录,搞清楚南极洲冰下湖是否会发生变化,以及如何发生变化,是应对未来可能出现的全球海平面上升危机的关键。

仿生机器鱼：
有望成为"海底侦探"的主力军
（1994）

仿生机器鱼，作为一种结合了鱼类推进模式和机器人技术的新型水下机器人，与传统的以螺旋桨为推进方式的水下航行器相比，具有推进效率高、机动性能强、隐蔽性能好的优点，可以越来越多地代替传统水下机器人。

机器鱼，就是模仿自然界中鱼类获得推力的机制而设计的人造新型水下航行器。1994 年，美国麻省理工学院的工程师根据水族馆内鱼类的游动方式，研制出世界上第一条仿真机器鱼——机器金枪鱼"查理"，目的是解决水下机器人活动所面临的一个最大障碍，即受电源使用寿命的限制，缺乏完成海底勘测所需的足够动力源。鉴于鱼类具有自然界最完美的水下推进系统，新研制的这条机器金枪鱼成为改进水下机器人推进系统的一种尝试。

1997 年，美国佛罗里达大学又研制出可从事海底侦探的微电子机器鱼，其主要目的是为了研究水中生物，甚至可以充当海底军事间谍。这种机器鱼长 61 厘米，无论从外形上还是从游动情况看，它都像一条

⬆ 水下机器人即仿生机器鱼。

278

中国无影水下无人侦察解决系统。

TIPS

我国在仿生机器鱼的自主研发上也有很好表现。中科大制造的仿生机器鱼，因为机动性好、栩栩如生而在业内享有美誉。2014年南航大学生设计出一条名叫Stingray（虹鱼）的无尾巴机器鱼，荣获江苏省机器人大赛一等奖。

鱼。机器鱼所需的能源由太阳能电池提供，当其能量不足时，可自行浮出水面进行充电，因为有膨胀气囊改变它所处的深度。

为了能使机器鱼在水中游动，它有一条长30厘米的尾巴，由特制的能变形的金属构成。当电流通过这种金属时，它会缩小，把尾巴送向一边；当电流中止时，这种金属又恢复原状，把尾巴送向另一边。就这样，电流一通一止，尾巴不停地运动，推进鱼体向前移动。而鱼尾巴的不停运动，是由机器鱼中的电脑控制的。由于配备了人工智能软件，从而使它的自动化程度更高。

由30条这样的机器鱼组成的"鱼群"，可以一起执行某项任务。这种机器鱼投入使用的第一项任务，是探测泄漏在河流、湖泊和海洋中的有害化学物质。方法是在30条机器鱼体内安装化学传感器，让"机器鱼群"对水质进行分析，以探测有害化学物质的踪迹。科学家认为，机器鱼的研制成功，无疑将对海洋生物研究产生促进作用。

2008年，美国华盛顿大学的克里斯蒂·摩根森研制出的仿生机器鱼则是设计精巧的机械装置，其外形并不像真正的鱼类，却能像鱼一样游泳和活动。之前研制出的仿真机器鱼每隔一段时间必须浮出水面，以便收发新的信息，就像鱼儿浮出水面呼吸氧气那样。而摩根森研制出的机器鱼能够在水下相互交流，甚至可以共同完成一些动作，例如集合和解散等，因为它能够在水下发出电子信号，通过压力波完成相互间的数据传输。

2014年，美国海军装备了一种"高仿真"的机器金枪鱼，身长1.52米，体重约45千克，可在水深30厘米到100米的海域活动。它可以悄悄潜入敌方海域开展侦察行动，或者在己方船只附近不间断巡逻，防止敌人偷袭。这种机器鱼既可遥控操作，也能自行工作。它们不但外观跟金枪鱼几乎一模一样，而且在水下活动时，也像金枪鱼那样靠摆动鱼鳍前进，能轻松完成急转弯动作。由于它们在水下活动时非常安静，未来还将承担多种攻击任务。

仿生机器鱼还在不断地完善，应用领域也在不断地扩大，在不久的将来，机器鱼有望成为"海底侦探"的主力军。

↑金枪鱼。

↑仿生机器鱼在计算机的遥控下向目标游动。

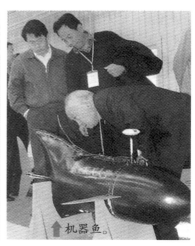

↑机器鱼。

中国正式圈定"蓝色矿区"：
成为国际海底资源勘探的承包者

（1999.3）

1999 年 3 月 5 日，中国正式圈定位于太平洋夏威夷群岛东南面积近 7.5 万平方千米的"蓝色矿区"，相当于中国渤海的面积，标志着中国从此对该矿区的多金属结核矿拥有了专属勘探权和今后进行商业开发的优先权，为子孙后代在国际海底留下了一块"丰产田"。

⬆ 深海底部富含锰、铁等金属元素的团块，因每块矿石中常有一个由生物骨骼或岩石碎片形成的核，故名"结核"。矿石颜色从黑色到黄褐色，直径一般大于 1 厘米，常见的 5 ～ 10 厘米。图为 1983 年中国"向阳红 16"号调查船在西太平洋采集的多金属结核样品。

1873 年 2 月 18 日，英国"挑战者"号考察船在北大西洋加那利群岛西南约 300 千米海域进行海底取样调查时，从海底捞上几块土豆样的鹅卵石，又像黑煤球。船上的科学家都没见过这种黑色鹅卵石，便把它送进大英博物馆。因其含有大量锰和铁，9 年后被正式命名为"锰结核"。

没想到，100 多年后的今天，这一意外发现竟为人类打开了一扇

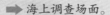
➡ 海上调查场面。

深海探矿的大门。科学家证实，锰结核分布在水深 4000 ～ 6000 米的深洋底表面，化学成分含有 30% ～ 40% 的锰和铁，还有铜、镍、钴、铬等 30 多种金属元素，人们因此又叫它大洋多金属结核。据估计，大洋多金属结核全球总蕴藏量 1.5 万亿 ～ 3.0 万亿吨，其中太平洋占一半以上，并以每年 1000 多万吨的速度增长。

　　多金属结核在世界大洋底的发现，无疑是人类之福——尤其是太平洋的多金属结核密集区，更吸引着许多国家跃跃欲试，进行商业性开采。1974 年，美国深海探险公司在夏威夷东南海底擅自划定了一块矿区，矿区面积为 6 万平方千米，并于 20 世纪 80 年代初投入试验性生产。

　　我国从 20 世纪 70 年代中期开始进行大洋锰结核调查。1978 年，"向阳红 05"号海洋调查船在水深 4000 米的太平洋海底首次捞获锰结核。1985 年，由国家海洋局、地质矿产部等单位正式开展大洋多金属资源调查与勘探。1991 年初，中国大洋矿产资源研究开发协会在联合国登记注册。1991 年 3 月，经联合国国际海底管理局批准，我国获得了位于东北太平洋国际海底区域 15 万平方千米的多金属结核资源开辟区，成为继印、俄、法、日之后联合国第五个"国际海底采矿先驱投资者"。

⬇ "向阳红 16"号调查船。

收无缆取样器

海底锰矿球

↑ 锰结核调查。

拖网捞取锰结核

6000 米水下自治机器人

　　根据《联合国海洋法公约》的规定，中国必须在 8 年内即 1999 年 3 月前，有选择地放弃现有开辟区 50% 的矿区面积，使其恢复为国际海底区域。经过 9 个航次的海上勘探，中国大洋矿产资源研究开发协会完成了 50% 的区域放弃工作，从而在东北太平洋圈定了近 7.5 万平方千米海域的多金属结核矿区，作为我国 21 世纪的商业开采区。1999 年 3 月 5 日，中国向国际海底管理局递交了《中国多金属结核开辟区区域放弃报告》。以此为标志，我国在太平洋拥有了一个相当于渤海的大洋矿区，从而为我国的可持续发展开辟了一块战略性资源基地。2001 年 5 月，中国大洋矿产资源研究开发协会与国际海底管理局签订了勘探合同。至此，中国已由国际海底开辟活动的先驱投资者成为国际海底资源勘探的承包者。

　　2011 年 7 月 28 日，中国"蛟龙"号载人潜水器成功下潜 5000 米深度后，发回 5000 米海底多金属结核的画面，这也是 5000 米海底多金属结核画面的首度曝光。"蛟龙"号同时带回 5000 米海底的多金属结核样品，为中国开发大洋多金属结核矿源迈出重要一步。

国际海洋生物普查计划：
海里的鱼为什么那么多

092

（2000.10.4）

　　历时 10 年的国际海洋生物普查计划，是规模最大、考察面积最广、花费最多的国际合作项目，80 多个国家和地区的 2700 多名科学家，踏上 500 多次远征考察之旅。2010 年 10 月 4 日在伦敦发布的最终报告，是科学家首次对海洋生物"查户口"。普查结果显示，海洋世界远比我们想象的更为丰富和精彩。

　　海洋世界中，最富活力的莫过于多姿多彩的海洋生物。据科学家原先统计，世界上的海洋生物共有 20 多万种，地球上 80% 的生物资源在海洋中。平时我们常见的紫菜、海蜇、珊瑚、鲍鱼、牡蛎、扇贝、对虾、海参、带鱼、鲨鱼、大黄鱼、海龟、鲸等等，都是生活在海洋中的生物。全世界共有鱼类 25000 多种,海洋无脊椎动物 16 万种,海洋动物的总量多达 7000 亿吨。

　　海洋生物多样性的调查研究史大致可分为三个阶段：18 世纪欧美国家的航海探险及科考之旅，如"小猎犬"号、"挑战者"号环球之旅；20 世纪 50—60 年代，发达国家的研究机构及调查船开始有计划地在全球各地海洋采集样品；20 世纪 90 年代以后，利用一些新的海洋考察工具，各国开始酝酿国际间合作的海洋生物调查研究计划。

▲ 绚丽的海底世界。

　　国际海洋生物普查计划的产生，缘于 1995 年美国科学院的一份研究报告。该报告指出，全球人口不断增加，将对海洋生物物种多样性造成不可逆的破坏，但我们却对海洋生物多样性所知甚少，存在的知识缺口非常巨大。因此，大规模海洋生物普查因两个原因而显得极为迫切：首先，分类学方面专业知识的缺失，削弱了生物界发现和描述新物种的能力；其次，海洋物种数量因人类活动大幅减少，某些物种的损失高达 90%，它们也可能因此走向灭绝。

　　该计划真正的发起人，是全球海洋生物多样性的领衔科学家、美国新泽西州立罗格斯大学教授弗雷德·格拉斯尔，他于 1996 年向艾尔弗·斯隆基金办公室的计划官员建议并构思，如何解决海洋生物多样性知识缺口的问题。几周后，办公室的计划官员杰西·奥苏贝尔表示："我们已经在帮天文学家数天上所有的星星了，为何不帮海洋学家去海里清点所有的鱼类呢？"

　　2010 年 10 月 4 日，历时 10 年的全球海洋生物普查项目在伦敦发布最终报告，这是科学家首次对海洋生物"查户口"，结果显示海洋世界比想象中更为精彩。根据普查统计数据，海洋生物物种总计可能有约 100 万种，其中 25 万种是人类已知的海洋物种，其他 75 万种海洋物种人类知之甚少——这些人类不甚了解的物种，大多生活在北冰洋、南极和东太平洋未被深入考察的海域。

此次海洋生物普查工作的结果可谓喜忧参半。研究发现，随着酸性水域的扩大以及气候变化对海洋的影响，海洋生物多样性呈现下降的趋势。普查也发现，一些海洋物种群体正在逐步缩小，甚至濒临灭绝。例如，由于人类过度捕捞，鲨鱼、金枪鱼、海龟等物种在过去 10 年间数量锐减，部分物种的总数甚至减少了 90% ～ 95%，看来海洋环境、物种保护工作迫在眉睫、任重道远。

▼ "海洋生物种群历史研究"项目发现，除了科学上已知的 1.6 万种海洋鱼类物种，还有另外 4000 种尚待发现，其中许多生活在热带。科学家们估计，未知的海洋生物最少还有 210 万种。

超级游轮：
一座浮动的海上城市

（2000.10.28）

随着经济和旅游业的发展，越来越多的游客选择乘游轮去大海享受蓝天、碧海、阳光、白云。2001年"9·11"事件和恐怖主义威胁，让出海度假吸引了越来越多害怕坐飞机的游客。于是，聪明的船舶制造商们纷纷投入巨资建造游轮，使之成为一座座浮动的海上城市。

▲ 水上漂浮城市。

1922年，一艘装载能力达19680吨的"拉科尼亚"号游轮，从纽约港出发向西航行，拉开了世界上第一个非正式的环球航行帷幕。此后，北美洲和欧洲成为世界游轮业最重要的两大传统市场。凭借宜人的气候、迷人的海滩、美丽的海岛、优良的海港等有利条件，加勒比海、地中海和阿拉斯加地区成为三大首选游轮旅游目的地。嘉年华集团和皇家加勒比海国际公司作为全球游轮业两大龙头，2012年分享了整个游轮业市场蛋糕的73%，由此可见豪华游轮很受游客的欢迎。

2000年10月28日，当时世界上最大的游轮、皇家加勒比海国际公司的"海洋探险者"号在美国最南端的迈阿密港起锚首航，载着第一批游客环加勒比海旅游一周。登上"海洋探险者"号，最大的感受是可以忘掉自己在船上：船长在可容纳1919人的宴会厅里宴请上船游客，艺术家们在坐满1350名观众的标准意大利歌剧院里演出歌舞剧《历史再现》；获得过世界冠军的冰上运动员，在冰球场表演冰上舞蹈《探索新世界》；更多的船上游客，则在"船载城市"中心大街两边鳞次栉比的商店、酒吧、游艺室里采购、聊天、玩乐……

　　拥有这艘游轮的皇家加勒比海国际公司总裁杰克·威廉斯说："我们旨在满足现代旅游度假者所能想象到的愿望，让他们用一周的假期，在这座浮动的城市里集中体验人生的快乐时光，包括在船上第15层的教堂里举行婚礼，给他们留下永生难忘的经历。"

⬆ "海洋探险者"号长311米，宽38.6米，吃水9米，吃水线以上有15层楼房，排水量近14万吨，超过航空母舰，是当时世界上最大的游轮，西班牙人称其为海洋中的"格利佛"。船上有客房1500多间，可载客3114人，加上船上服务人员1185人，高峰时船上人员可达4200多人。

　　将游轮与科研结合起来，也是"海洋探险者"号的一大特色。"海洋探险者"号与美国迈阿密大学合作研究当前重大的气象课题，研究成果将帮助科学家回答气象研究中一些最重要的问题。"海洋探险者"号每周横渡加勒比海，进入信风区，不但让科学家可以在"流动的实验室"里持续搜集有关信息，游客们也可以亲眼看到海洋与大气研究的图像和资料，所以乘坐"海洋探险者"号并不是单纯的休闲旅行，每位游客都可成为海洋的探索者。

　　2008年，皇家加勒比海国际公司又建造了排水量达22万吨级的超豪华游轮"海洋绿洲"号。这艘世界个头儿最大的游轮上修建了一座纽约式"中央公园"，位于拥有16层甲板的游轮第8层甲板上，宽度达19米，长度达100米，可充作餐饮和娱乐之所。园中的树木高度超过两个半甲板，为让园中植物茁壮生长还采用了小气候控制技术。

　　2014年11月2日开启处女航的"海洋量子"号游轮，长348米，排水量近17万吨，因大规模运用高科技，人称世界上第一艘"智能游轮"，也是一座名副其实的可让你"入海"和"上天"的海上大都市。

大家都来保护濒危鲨鱼：
保护鲨鱼就是保护人类自己

（2001）

　　鱼翅，用大型或中型鲨鱼的背鳍、胸鳍和尾鳍干制而成，为古代八珍之一。鲨鱼号称"海中狼"，早在恐龙出现的3亿年前就已经存在于地球上。作为海洋霸主，鲨鱼所发挥的作用是普通鱼类所无法企及的。

　　2001年8月，美国海岸警卫队在圣地亚哥附近扣押了一艘捕鲨渔轮，发现船上竟有32吨鱼翅，这相当于有2万多条鲨鱼被无情残杀。

　　几乎在每个大洋中，鲨鱼都处于食物链的最顶层。鲨鱼捕食效率很高，而且专门攻击年老、患病或运动速度慢的猎物。这样，一方

TIPS

　　由于鲨鱼独特的生理功能，社会上出现了吃"鱼翅热"。鱼翅不仅味美汤鲜，据说还有养颜、美容、滋补、防癌的作用，许多人趋之若鹜。据2006年调查，中国已有1亿左右的鱼翅消费者。然而，许多消费者并不知情，因鲨鱼体内有高含量的汞（俗称水银）及其他重金属，常吃鱼翅有损健康！

面属于鲨鱼猎物的种群，不会因为数量过多而对海洋生态系统造成危害；另一方面，处于鲨鱼猎物下一级食物链上的物种就可以适度繁衍，为人类提供丰富的海产品，进而维持整个海洋物种的多样性与生态平衡。从生态保护角度来说，多食鱼翅，等于是在破坏海洋生态平衡。

由于鱼翅被视为美味佳肴而被人类所钟爱，鲨鱼遭到大肆捕杀。据统计，因全球鱼翅贸易每年被捕杀的鲨鱼多达7300万到1亿条，目前已经有126种鲨鱼成为濒危物种。自从1970年以来，生活在美国东海岸的虎

鲨、牛鲨、黑鲨以及槌头鲨的数量已分别减少了95%～99%。2009年美国野生救援协会向全球发布鲨鱼调研报告称，鲨鱼很可能是第一个因为人类导致灭绝的海洋生物。

↑ 舌尖上的血腥鲨鱼贸易。

↑ 在阿曼沙奇亚省（Sharqiya），一排排摆放在棕榈叶上的鲨鱼鳍暴露在骄阳下。

　　《华盛顿公约》（CITES）又称《濒危野生动植物物种国际贸易公约》，由 80 个创始国签署生效，中国政府于 1980 年 12 月 25 日加入该公约，1981 年 4 月 8 日正式生效。该公约保护进入公约附录中的物种免于商业贸易，从而使其避免被灭绝的命运。在 2014 年举行的《华盛顿公约》第 16 届缔约国大会上，鲨鱼首次进入濒危野生动植物附录，这意味着一直处于物种保护边缘的鲨鱼进入国际生物保护目录。

波塞冬海底度假酒店：
梦想成真的水下生活

095

（ 2001 ）

　　陆地越来越拥挤、喧嚣，是否可以到海底躲避？如果能在水下建造酒店，就能扩展人类生存空间且避开喧嚣的都市。科学家和建筑师们正在开发水下技术，向海洋要空间、要资源、要自由。位于斐济的波塞冬海底度假酒店，让人类居住在水下的梦想成真。

　　人类如何在海底生活呢？ 2007年4月，澳大利亚海洋生物学家劳埃德·戈德森设计建造了一个"潜水屋"。令人意想不到的是，这个潜水屋很简单，只要具备电池、脚踏车、潜水服和三明治等食物就可以了。戈德森在水底生活13天，亲身体验了另类的水下生活。但戈德森的水底生

TIPS

　　波塞冬为希腊神话中的海神，他的威严与大地无穷无尽的生命力及洪水相匹敌，被称为"大海的宙斯"。常手执三尖刃，能呼风唤雨，引发地震。

活并不是最长的海底生活纪录，早在1992年，潜水员里克·普雷斯利就在水底度过了69天。

　　波塞冬海底度假酒店建在太平洋西南岛国斐济的一座私人小岛近

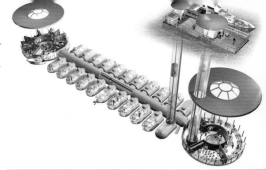

海，大约位于水下 12 米深处，是全世界第一座永久抗压海底建筑。酒店占地约 910000 平方米，被一个约 20 平方千米的湖泊包围，这片原始海域拥有丰富的海洋生物。

波塞冬海底度假酒店自 2001 年开始施工，由美国潜艇协会主席布鲁斯·琼斯设计构想，号称当时全球最大的水下酒店，游客可以从海岸乘电梯进入。该酒店为顾客提供详尽的服务，每个套房都配有水流按摩浴缸、海景展示窗。套房中自天花板到地板的全景窗户打造出一种巨大"鱼缸"的效果，可看到令人窒息的珊瑚美景和丰富的海洋生物。客人还可以在高雅的餐厅里一边享受美食，一边欣赏窗外的海洋生物。

如今，世界各地的海底酒店频频现身，它们或精致奢华，或视野独特，已成为酒店行业的前沿代表——

2013 年年末，位于东非桑给巴尔群岛奔巴岛的曼塔度假酒店正式开业。奔巴岛是一个树木葱郁的印度洋岛屿，因周边原始的珊瑚礁和清澈的海水吸引着众多潜水者。这是非洲第一座海底度假酒店，位于水下约 4 米，让酒店拥有了

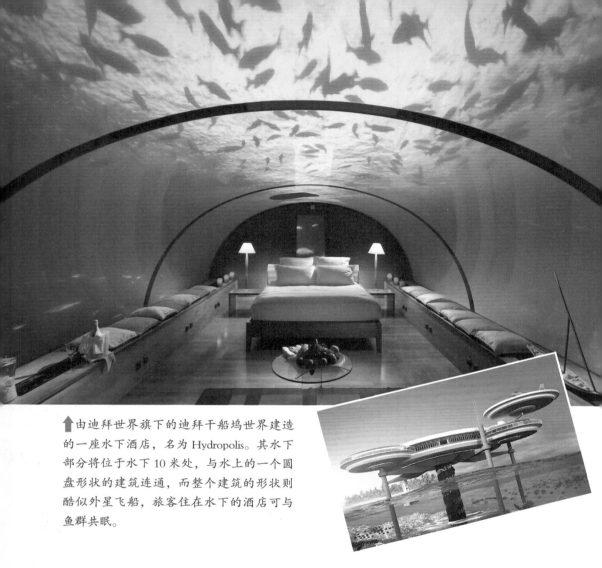

↑由迪拜世界旗下的迪拜干船坞世界建造的一座水下酒店，名为 Hydropolis。其水下部分将位于水下 10 米处，与水上的一个圆盘形状的建筑连通，而整个建筑的形状则酷似外星飞船，旅客住在水下的酒店可与鱼群共眠。

"与鱼儿共眠"的全新体验——由于酒店客房内四周都有窗户，客人可透过窗户尽情观赏五彩缤纷的海鱼和缓缓游过的头足类动物。

　　水下旅游业如今越来越受到人们青睐，建造潜水式海洋城市将由设想变成现实。未来，人类生活的海洋城市能像潜艇一样游动，面积小至几十平方千米，大至几百平方千米。这里的人造土地上建有花园式别墅，还建有四通八达的交通网、高产环保的立体农场、用洋流和温差发电的大型电厂，以及利用海洋资源进行生产的工厂等功能齐全的基础设施。

海洋一号 A：
中国第一颗海洋卫星

（2002.5.15）

096

21 世纪被称为"海洋世纪"，而海洋卫星可以经济、方便地对大面积海域实现实时、同步、连续监测。2002 年 5 月"海洋一号 A"发射升空，不但结束了中国没有海洋卫星的历史，也成为中国人认识海洋真面目的最佳利器。

自古以来，曾有不少航海者横渡各大洋，但很少有人知道船底下的海底是什么样子。令人惊奇的是，从人造地球卫星上拍摄的照片却能看见海底的一切，那许许多多的深渊、海底山脉、平原和峡谷竟一目了然。

早在 1978 年，美国就发射了第一颗实验型海洋卫星。在 105 天的有效运行中，这颗卫星所获得的全球海面风向、风速资料，相当于上一个世纪以来所有船舶观测资料的总和。

海洋卫星遥感大致经历了三个阶段：1970 年至 1978 年是探索阶段，主要利用载人飞船搭载试验和利用气象卫星、陆地卫星探测海洋；1978 年至 1985 年为试验阶段，美国发射了一颗海洋卫星（Seasat）和一颗雨云卫星七号（Nimbus-7），同时搭载海岸带水色扫描仪；1985 年至今是应用研究和业务使用阶段，世界上发射了多颗海洋卫星，如海洋地形卫星 Geosat、Geosat-FO、TOPEX/POSEIDON，海洋

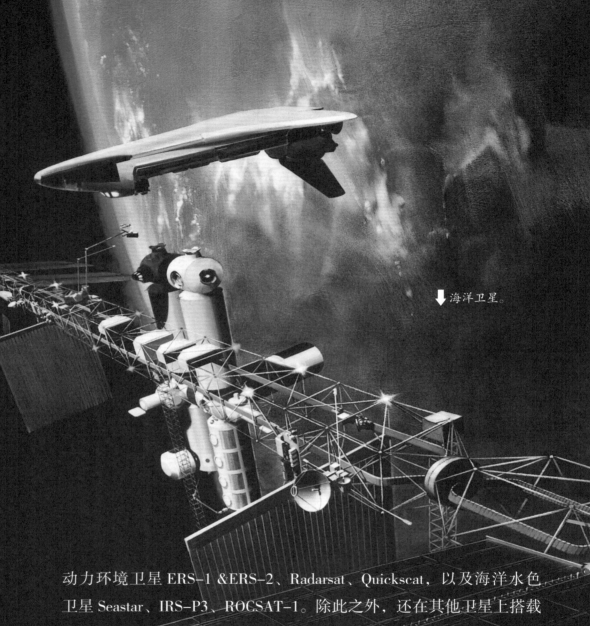

↓ *海洋卫星。*

动力环境卫星 ERS-1 &ERS-2、Radarsat、Quickscat，以及海洋水色卫星 Seastar、IRS-P3、ROCSAT-1。除此之外，还在其他卫星上搭载海洋探测器，开展卓有成效的应用研究。

在全球已发射的多颗探测海洋的卫星中，除具有海洋环境监测能力的综合型遥感卫星外，专职的海洋卫星有 30 颗左右。目前综合性能最强的是美国和法国合作研制、于 2008 年上天的"贾森 2"号，它每 10 天就能完成一次对全球洋面高度的测量，用于绘制海面地形

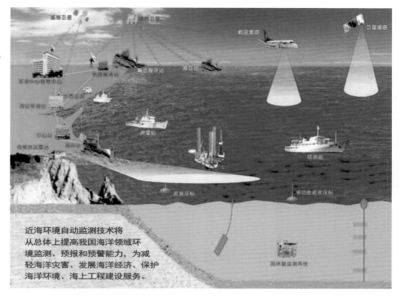

➡ 海洋立体观测网。

图、改进飓风等海洋天气预报，探测精度达到 2.5 ～ 5 厘米。

"海洋一号 A" 是中国第一颗海洋卫星，于 2002 年 5 月 15 日发射升空

近海环境自动监测技术将从总体上提高我国海洋领域环境监测、预报和预警能力，为减轻海洋灾害、发展海洋经济、保护海洋环境、海上工程建设服务。

后，为海洋环境预报提供实时数据和产品服务，在海洋资源开发与管理、海洋环境保护与灾害预警、海洋科学研究及国际与地区间海洋合作等多个领域取得显著效益，提高了中国在海洋遥感领域的国际地位，推动了中国海洋立体监测体系和空间对地观测体系的建设。

中国海洋卫星包括三个系列：一是以"海洋一号"为代表的海洋水色卫星系列，以可见光、红外探测水色、水温为主，探测要素包括叶绿素、悬浮泥沙、海面温度、污染物质等，有助于监测海洋渔业、养殖业资源与环境质量状况；二是以"海洋二号"为代表的海洋动力环境卫星系列，以探测海面风场、海面高度和海面温度为主；三是以将于 2019 年发射的"海洋三号"为代表的海洋监测卫星系列，主要监测中国海洋专属经济区和近海海洋环境，实现对上述地区海洋权益的维护、防灾减灾、执法监察，提高对突发事件的快速反应能力。

按照中国海洋卫星发展规划，2020 年前我国将发射 8 颗海洋系列卫星，其中包括 4 颗海洋水色卫星、2 颗海洋动力环境卫星和 2 颗海洋监视监测卫星，形成对中国全部管辖海域乃至全球海洋水色环境和动力环境遥感监测的能力，同时加强对中国钓鱼岛以及西沙、中沙和南沙群岛全部岛礁附近海域的监测。

独一无二的"海沟"号：
损失堪比"哥伦比亚"号航天飞机

097

（2003.5.29）

　　2003 年 5 月 29 日，曾潜入世界上最深的马里亚纳海沟、创造深潜世界纪录的日本无人探测器——"海沟"号神秘失踪了。当时，日本科学家正利用"海沟"号进行海底地震调查作业。"海沟"号失踪的原因至今没有查明，成为人类深海探测的一个未解之谜。

　　为了探测神秘的海底，科学家研制了潜水器，又称深潜器、可潜器，是具有水下观察和作业能力的活动深潜装置，具有海底采样、水中观察、测定以及拍摄录像、照相、打捞等功能，主要用于执行水下考察、海底勘探、海底开发和打捞、救生等任务，并可作为潜水员活动的

➡ 日本"深海 6500"号深海载人潜水器内部。

水下作业基地。

日本"海沟"号无人潜水器，1986 年由日本海洋科学技术中心开始研制，1990 年完成设计制造，耗资 5000 万美元。它是一种缆控式水下机器人，长 3 米，重 5.4 吨，有 6 台推进器，装备有复杂精密的摄像机、声呐和一对采集海底样品的机械手。"海沟"号通过一条长 12 千米的光缆，与海面上的

TIPS

1995 年 3 月 24 日，"海沟"号成功地拍摄到小鱼在地球上最深的海底畅游的图像，这在世界深潜历史上还是第一次。2001 年，美国潜艇将日本的海洋教学船撞入夏威夷海底后，又是它出动才确定了日本船的位置。就在"海沟"号失踪前不久，它刚刚在日本海 6300 米深处发现了 10 种神奇的细菌，这种对治疗皮肤病有神效的细菌是人类首度发现。

控制船"横须贺"号相连，由控制船发出的信号以及由"海沟"号摄像机拍摄到的实时图像信号均可通过光缆传输，操作人员可观察监视器上的图像，在控制船上对"海沟"号进行操作。

大多数军用潜水艇的下潜深度一般不超过几百米，只有少数研究用潜水艇能下潜到海面以下 6000 米处。而"海沟"号潜水器的神奇之处在于，它是目前世界上唯一能够下潜到万米深洋底的深潜器。"海沟"号曾在 1995 年成功潜入世界上最深的马里亚纳海沟，潜深达 10911 米，创下世界深潜纪录。

2003 年 5 月 29 日，日本科学家利用"海沟"号，在高知县东南大约 130 千米的海域进行一项海底地震调查作业，当时"海沟"号的下潜深度为 4673 米。由于当年的 4 号台风开始接近这一海域，海面控制船上的科学家无法继续开展工作，便于当天下午 1 时 29 分提前结束调查作业。在回收"海沟"号时，"海沟"号已无法回到控制船发射架中。1 分钟后，海面控制船与"海沟"号的光缆通信和高达 3000 伏的电力供应突然中断。当天下午 4 时 17 分，控制船的卷扬机

只回收到"海沟"号的母船发射架，"海沟"号则踪影全无。

　　"海沟"号的失踪让很多科学家扼腕痛惜，认为这一事件对海洋科学研究是重大损失，堪比美国"哥伦比亚"号航天飞机凌空爆炸对世界航天界的损失。

　　"海沟"号是独一无二的，在相当长时间内，人类很难再研制出一艘与"海沟"号性能相媲美的无人潜水器。不过，历史总是向前发展的，各式各样的水下机器人将以更快的速度发展起来，人们期待着更新的探测器为海洋的探测和开发作出更大的贡献。

▌ 日本"深海6500"号深海载人潜水器的机器臂。

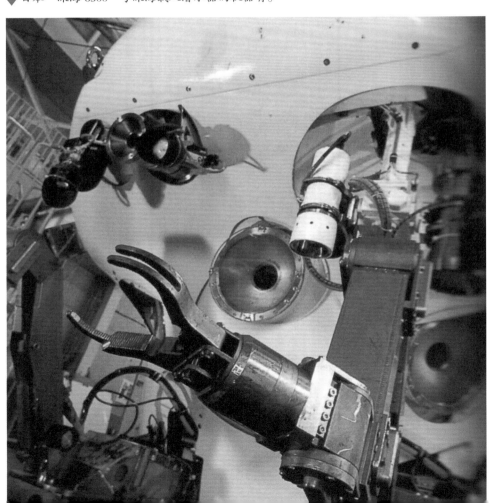

"沙滩天使"蒂莉：
她的直觉使上百人成功逃生

098

（2004.12.26）

在 2004 年 12 月 26 日发生的印度洋大海啸中，年仅 10 岁的英国女孩儿蒂莉充分利用自己在地理课上学到的知识，迅速辨识海啸即将到来的迹象，挽救了泰国普吉岛麦考海滩上百人的生命，被誉为"沙滩天使"。看来只要懂科学、有胆识，人小有什么关系！

2004 年 12 月 26 日，印度洋苏门答腊岛以西 160 千米处发生里氏 9.0 级地震并引发强烈海啸，致使印度尼西亚、泰国、缅甸、马来西亚、孟加拉国、印度、斯里兰卡、马尔代夫等国严重受灾，并波及东非，共造成 20 余万人死亡或失踪、50 余万人受伤和 100 余万人无家可归。

↑ 英国女孩儿蒂莉·史密斯。

当时，年仅 10 岁的英国女孩儿蒂莉·史密斯正随家人在泰国普吉岛的麦考海滩度假。12 月 26 日那天，在海滩上玩耍的蒂莉发觉海水变得古怪，而且大海远处突然涌现一拨白色的巨浪，将蓝天和大海明显地隔成两半，海水也突然退了下去，远处地平线上的船只随着海浪剧烈颠簸。

　　除了海水大面积后退，蒂莉还看到"海水开始冒泡，并发出咝咝的声音，就像煎锅一样"。她马上联想到老师在地理课上播放夏威夷海啸灾难纪录片时，海啸到来前夏威夷附近海面也漂浮着泡沫。蒂莉记得老师说过，海水突然退去并产生气泡就是海啸的前兆，她马上让爸爸妈妈与海滩工作人员联系，动员海滩上的游客赶快撤离。就在大家离开海滩后不到几分钟，海啸的巨浪已经排山倒海般奔涌而至，转眼间就把原先热闹非凡的海滩吞没。蒂莉的直觉使上百人成功逃生，麦考海滩最终成为泰国普吉岛少数几个在海啸中没出现人员伤亡的海滩，英国《太阳报》因此直呼蒂莉为"沙滩天使"。

　　海啸是由海底剧烈的地壳变动、火山爆发、水下塌陷和滑坡引起的巨浪，发生时震荡波以每小时 600 ～ 1000 千米的高速，在毫无阻拦的洋面上驰骋 1 万～ 2 万千米，掀起 10 ～ 40 米高的拍岸巨浪，吞没所到之处的一切。

　　世界上有记载的大海啸有十余次，主要发生在太平洋海域，如1960 年 5 月 21 日凌晨在太平洋智利海沟、智利的蒙特港附近海底，突然发生罕见的强震。22 日下午 19 时 11 分，地声大作，震耳欲聋，地震波像数千辆隆隆驶来的坦克车队从蒙特港的海底传来。这次地震

发明人田中和地震海啸避难舱"诺亚"在一起。

是世界地震史上震级最高、震感最强烈的地震，震级达 8.9 级（后修订为 9.5 级）。大震之后，海水忽然迅速退落。约 15 分钟后，海水又骤然涨起，顿时波涛汹涌，滚滚而来，浪涛最高达 25 米。呼啸的巨浪以摧枯拉朽之势，越过海岸线，袭击智利和太平洋东岸的城市和乡村，结果太平洋沿岸以蒙特港为中心，南北 800 千米几乎被洗劫一空。

从可怕的海啸灾难中侥幸逃生的人们肯定会想：要是能早点儿发现海啸就好了。海啸为什么不易被发现呢？

大多数海啸都属于"本地海啸"或称"近海海啸"，由于从地震及海啸发源地到受灾的滨海地区比较近，海啸波抵达海岸时只有几十分钟甚至几分钟。在这种情况下，由于预警时间更短，或压根儿没时间预警，人们猝不及防，海啸往往造成极为严重的灾害。

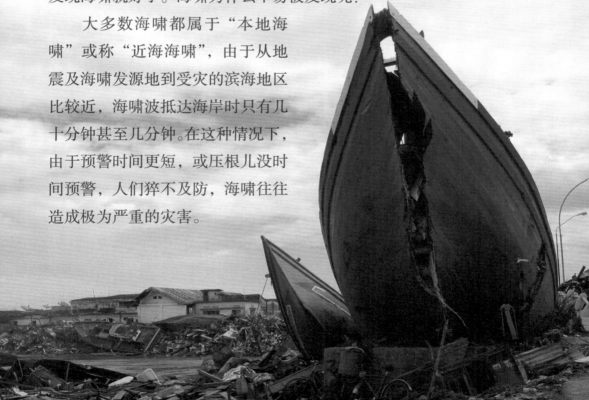

"大洋一号"首次环球科考: 实现了中国"进军三大洋"的夙愿

099

（2005.4.2）

　　地球表面71%的海洋面积中，近6成属于大洋国际海底区域，这是人类在地球上最大的战略资源宝库，也是全人类的共同财产。2005年"大洋一号"首次环球科学考察的探索之旅，在中国大洋科考史上留下浓墨重彩的一笔，堪称中国海洋事业发展史上的里程碑。

　　郑和下西洋600年后的2005年4月2日，"大洋一号"远洋科学考察船承载着中国人民开发和利用大洋矿藏及生物资源的信念，寄托着人类探索和认识海洋的共同愿望，在青岛起航，正式开启了我国首次环球大洋科学考察的探索之旅。

　　"大洋一号"驶过巴拿马运河，跨越赤道，横渡好望角湾，穿越马六甲海峡，经过长达297天的艰辛探索，足迹遍布太平洋、大西洋、印度洋，并于2006年1月22日胜利完成中国首次环球科学考察任务，返回青岛港。此次环球大洋科考，除太平洋外，还成功地开辟了大西洋、印度洋调查海区，进行了多学科、多领域、综合性的三大洋科考工作。而在印度洋获取的海底"黑烟囱"样本，则是我国首次依靠自己的力量获取的完整样本。

继首次环球科学考察之后，2009 年至 2011 年三年间，"大洋一号"又分别执行了两次环球科学考察任务，对印度洋、太平洋和大西洋的重点区域开展地质、地球物理综合调查以及生物和环境调查。其中始于 2010 年 12 月 8 日的远洋调查有 22 航次，总航程达 11.88 万千米，相当于沿赤道绕地球两周，历时 441 天，是迄今为止我国历时最长的一次大洋科考。

作为我国第一艘远洋综合调查船，"大洋一号"见证了我国大洋科考事业的发展，也铸就了我国大洋科考事业的辉煌。我国的大洋综合调查开始于 20 世纪 70 年代，最初主要围绕大洋多金属资源到单一目标洋区作业。利用"大洋一号"作为海洋作业平台，在几代海洋人的努力下，我国于 90 年代初争取到继印度、法国、苏联、日本之后的第五个大洋先驱投资国身份。

从 1995 年开始，"大洋一号"先后执行了中国大洋矿产资源研究开发专项的多个远洋调查航次任务，在东太平洋进行海底多金属结核资源调查，在西太平洋进行海底钴结壳资源调查，为中国大洋事业

↓大洋一号。

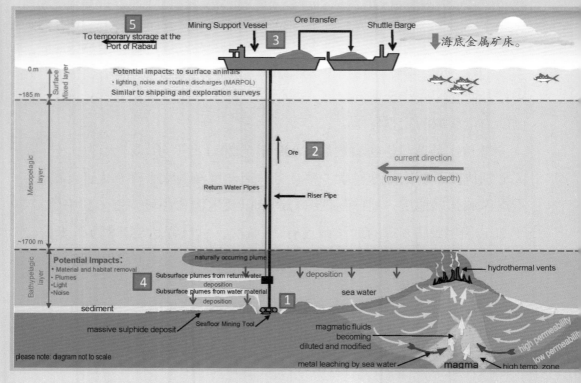

海底金属矿床。

的发展打下了坚实的基础。

2002年，为了适应我国大洋资源研究开发从单一的多金属结核资源向多种资源的战略转变，"大洋一号"在上海中华船厂进行了第二次改装。除了机舱，其他部分从驾驶室到生活区几乎全部推倒重来。这次改装更新了先进的调查设备并首次安装了动力定位系统，综合考查能力得到全面提高。

随着中国科学考察船的不断增多，大洋科考实力不断增强，中国大洋科考任务在相当长一段时间内几乎都由"大洋一号"执行的纪录终于被打破，如"雪龙"号用于极地科考，"向阳红9"号的主要用途则是"蛟龙"号母船。

尽管如此，与其他科考船相比，已经有30余年船龄的"大洋一号"仍是目前中国为数不多的先进的综合大洋科考船之一，可以进行地质、地球物理、化学、环境、生物等多个学科的调查研究，在今后的大洋征程中它仍将发出耀眼的光辉。

聪明的鱼类：
认知能力超过许多灵长类动物

（2005）

　　人们曾认为鱼的记忆只能维持 3 秒，动画片《海底总动员》中健忘的小鱼多莉更是加深了人们的这一印象。但科学研究却推翻了这一观点，科学家发现，自然界有许多"聪明"的鱼，不仅有长达几个月的记忆，还是伟大的"侧线思想家"，它们在认知方面的能力甚至超过许多灵长类动物。

　　从古至今，似乎没有哪种生物能久远过鱼，因为在大约 5 亿年前的寒武纪晚期的地层中就发现了鱼类化石。以前，人们总以为鱼类没有感觉和记忆，它们的行为大多源于自身的条件反射。后来科学家发现，鱼不仅和人类以及其他动物一样会感受疼痛，还拥有复杂的感官和记忆能力，它们的认知能力甚至

超过许多灵长类动物。

特别是 2005 年，澳大利亚一项研究结果显示，鱼类事实上并不是动物王国的"傻瓜"，它们的大脑分工十分清楚，堪称伟大的"侧线思想家"。鱼类不仅能利用大脑的不同部位进行各种工作，而且不用观察周围环境，便能高效地处理相关信息。

此项研究证明，鱼类大脑事实上非常复杂，而且鱼类在处理信息时会优先使用非视觉感官——比如生活在墨西哥山洞的"盲鱼"，由于没有眼睛，它们在靠近不熟悉的物体时会游向左侧，而利用身体右侧的特殊传感器引导方向。这些器官使用与人类触觉相似的感觉系统，不但能获得水流活动的信息，还能察觉和确定所遇到物体的种类。

一次，科学家奎杰在大桥上钓到一条鱼。这条鱼一边挣扎，一边把渔线拖到 200 米之外，直到把渔线拉直为止。然后这条鱼朝桥墩方向游回来，绕着桥墩下的木桩游了几圈后突然用力一拉，渔线被拉断了！事情并没就此结束，奎杰继续观察，他看到这条逃脱的鱼在 20 分钟后又咬住鱼钩上的鱼饵，可这次它并没游到远处，而是绕着桥墩

下的木桩游了几圈，又一次拉断了渔线。不少人都遇到过上钩的鱼又逃走和鱼吃掉了鱼饵而不上钩的事，似乎都说明鱼能在与人的较量中不断积累经验。

研究还发现，不少鱼能学会走迷宫，辨认其他鱼，甚至记住什么样的鱼是比自己强大的竞争者。长约15厘米看似弱小的鲦鱼可能比老鼠更聪明。鱼类识别颜色的能力已被科学家的多次测试所证实。鱼类还能区别不同的形状，科学家利用特定的图案和喂食试验证实了这一点。在试验中使用一个圆环和一个正方形物体，如果鱼游向圆环，就给它食物作为鼓励；如果鱼游向正方形，则什么也得不到。结果，鱼马上就选择了游向圆环而不游向正方形物体。

据报道，在一个搭着活动小平台的鱼塘里，某段时间在小平台上放着许多蚁卵，平台下系着一条绳子，绳子的末端挂到水里。鱼塘里的金鱼很快就学会了通过拉动绳子使小平台翻转，从而让蚁卵如阵雨般地落到水中成为自己的食物。鱼儿如此聪明，怎不令人大为惊奇！

吃河豚不用再拼命：
有效控制河豚的毒素来源
（2005）

俗话说，"不吃河豚知鱼味，吃了河豚百味无"。中国民间有"拼死吃河豚"一说，足以说明河豚肉质鲜美无比。河豚既是美味又是死神，除了口舌诱惑，其巨大的市场价值还体现在毒素提取和生物制药两个方面。

河豚又名气泡鱼，属鲀形目，是暖水性海洋底栖鱼类，中国沿海均产，常见的有数十个品种。河豚的长相很特别：身体浑圆，头胸部大，腹尾部小；背上有鲜艳的斑纹或色彩，体表无鳞，光滑或有细刺。一旦遭受威胁，河豚就使身体膨胀成带刺的圆球，让它的天敌难以下口。

几乎所有种类的河豚都含河豚毒素，其卵巢和肝脏有剧毒，其次为肾脏、血液、眼睛、鳃和皮肤。河豚毒素化学性质稳定，可耐热，100℃4小时都不被破坏，120℃加热30分钟才能使之失去毒性，更不怕盐腌、日晒，其毒性是剧毒氰化钾的1000倍！

河豚肉质细嫩，味道异常鲜美，食后会使人飘飘欲仙，所以许多人甘愿"冒死吃河豚"。前些年，食河豚赔上性命的人数居中国食物中毒死亡人数之首。日本也很盛行吃河豚，这一习俗源自中国宋朝。那时的日本，烹饪技艺远不如中国，因此食河豚赔上性命的人就更多，以至于丰臣秀吉为保存实力，颁布了禁止武士吃河豚的命令。日本对食用河豚的禁令，一直持续到1888年才解除。

如何才能既品尝河豚之鲜美又不冒生命危险呢？江苏省南通市一世界最大河豚养殖企业从20世纪90年代以来一直在对此进行研究、攻关，开发出"转基因暗纹东方豚无毒素生化萃取及利用"技术，已能有效控制河豚的毒素来源，使其达到安全食用标准，培育出的"中洋南通长江河豚"于2005年被权威机构检测认证无毒，并成功申请为国家地理标志保护产品，从此结束了只有"拼死"才能品尝河豚的历史。

河豚作为长江水域名贵鱼类，除肉质无比鲜美外，其巨大的市场价值主要体现在毒素提取和生物制药两个方面。比如：河豚特有的毒素TTX是极其珍贵的生物药品原料，可用来替代现行通用的最佳麻醉药品，而且无任何副作用；高度稀释后的河豚毒素滴液可用于吸毒人群的戒毒，已取得满意的临床效果，河豚毒素在治疗癌症肿瘤方面也正在进行有益的尝试。

由于肉质极其鲜美，河豚和鲥鱼、刀鱼并称为"长江三鲜"。

海洋轨道器：
形似太空船的首座海洋空间站
（2005）

"海洋轨道器"是世界上第一艘直立船，犹如坠入大海的"进取"号星际飞船。建成后的"海洋轨道器"，通过实现一个或多个独特的网络系统，创造出一种对海洋探索、观察、分析和样本取样的新方式，有望为海洋科学家了解海洋现象、观察海洋生物带来革命性变化。

法国建筑师雅克·罗格里一直以从事水中建筑设计而闻名。1977 年 8 月 4 日，罗格里建造了自己的第一座水下房屋。1981 年，他将一个可容纳两人的深潜器下潜至约 12 米深的海水中，并可停留 7 至 15 天。

2001 年，罗格里又提出建造海洋空间站的设想，并命名为"海洋轨道器"。"海洋轨道器"是罗格里 2005 年的设计作品，也是为科研人员提供实施海洋科考的全新平台。

从侧面看，"海洋轨道器"像巨大的船帆，这种造型能让它在海里安静地游弋。"海洋轨道器"可由风力、海浪和太阳能提供动力，上面还配备了日常生活所需的宿舍和厨房等设施，能供 18 至 22 名海洋研究人员正常生活。

"海洋轨道器"高达 51 米，未来将成为世界上第一艘采用垂直结构的海洋勘探船，允许人们在海下进行具有革命性的勘探活动。目前，海洋学家只能在海下短暂停留。

过去 50 年里，我们发现海下也存在四季变化，而且拥有开花植物、沙漠、森林以及形形色色动物，未来的食物和药物将由海洋提供。大家也越来越意识到，海洋在地球的脆弱平衡中扮演着非常重要的角色，而"海洋轨道器"则是研究全球气候变暖与海洋间关系的理想工具。

雅克·罗格里计划在世界范围内建造 6 座"海洋空间站"。鉴于蓝色经济在中国迅速发展，中国正以全新面目向海洋大国迈进，因此首座"海洋空间站"拟与中国合作建造，旨在帮助中国可持续开发海洋资源。

TIPS

2014 年 3 月，国家主席习近平访问法国期间，法兰西学院雅克·罗格里基金会与亚太交流与合作基金会在巴黎共同签署了《海洋空间站合作谅解备忘录》，计划在中国南海建立世界第一座"海洋空间站"。2014 年 8 月 18 日，国务院正式将深海空间站列入国家十大科技项目之列，从国家战略高度对该合作给予了首肯和更高的期许。

翟墨：
一人一帆，环游地球一圈

（2007.1.6）

　　35000 海里，900 多个日日夜夜，40 多处异国他乡，孤独与恐惧同在，浪漫与危险同行……如果一个人对自己心灵深处的恐惧和孤独都不再惧怕，那么他还会害怕什么？翟墨，无愧于"单人无动力帆船环球航海中国第一人"的荣誉。

　　帆船的历史同人类文明史一样悠久，它起源于欧洲远古时代，是一种古老的水上交通运输工具，也是人类与大自然作斗争的见证。

　　公元 13 世纪，西班牙人和葡萄牙人开始建造一种名叫"caravel"的轻帆船，起初主要用作渔船，由于性能良好，不久就广泛应用于其他方面。迪亚士 1488 年发现好望角，哥伦布 1492 年发现新大陆，达·伽马 1498 年穿过印度洋到达亚洲，麦哲伦船队 1519—1522 年间完成第一次环球航行，用的都是它。

　　2000 年，翟墨在新西兰举办画展时，一位挪威老航海家告诉他："在公海，一艘船就是一方漂浮的领土，帆船是目前世界上最自由最省钱的交通工具，它依靠的动力主要是风，只要掌握了大海洋流的规律，去任何地方都会变得很简单。"于是，这个向往自由的艺术家倾家荡产，买了一艘 8 米长的帆船。由于船的外壳是玻璃钢，内里是木头，风帆鼓起，翟墨亲昵地叫它"8 米帆"。

第一次航行，翟墨就遭遇了深海地震和 11 级风暴，与死亡正面相遇、擦肩而过。2000 年 8 月，翟墨从奥克兰出发，横跨南太平洋克马德克和汤加两大海沟，在新西兰的拉乌尔岛附近遭遇来自海底的威胁——海底地震引发的海啸让大海暴躁疯狂，船上的风向表显示暴风有 11 级之巨。惊涛骇浪猛击帆船，一瞬间把他抛到海里。所幸一根维系人和船的绳索，让翟墨捡回一条命。

应中央电视台之邀，翟墨承担起大型电视片《文明之路——世界文明环球纪行》的环球航海拍摄任务。2007 年 1 月 6 日，翟墨从位于黄海之滨的日照起航，驾驶"日照"号帆船，开始一人一帆的环球航行。他用两年半时间，完成了自驾帆船环球航海一周的壮举，成为单人无动力帆船环球航海中国第一人。在庆祝大会上，国家体育总局水上运动管理中心副主任李全海为翟墨颁发了"单人无动力帆船环球航海中国第一人"荣誉证书。

2010 年 2 月 11 日，翟墨当选为 2009 年度"感动中国"十大人物时，颁奖词是这么说的：古老船队的风帆落下太久，人们已经忘记了大海的模样。六百年后，他眺望先辈的方向，直挂云帆，向西方出发，从东方归航。他不想征服，他只是要达成梦想——到海上去！一个人，一张帆，他比我们走得都远！

TIPS

　　2015 年，翟墨发起并领航"2015 重走海上丝绸之路"大型航海体验和文化交流活动，首次以帆船航海为媒介，以探访古代海上丝绸之路为主线，期待更多人触摸和体验这条连接历史与未来的中华魅力之路。他从中国福建平潭出发，最终到达意大利威尼斯港，总航程约 10000 海里。翟墨要让中国五星红旗再一次在世界海域迎风飘扬！

➡️ 翟墨驾驶的"日照"号帆船：船重 7.818 吨，吃水 2.266 米，最宽 3.852 米，船长 12.35 米。

深海微生物化石：
生命起源于海底的证据

（2007.8）

　　地球生命起源的问题，一直是困扰科学家的难题。深海微生物化石的发现，证明生命起源于深海，而有着 35 亿年历史的丛生原型细菌块又把生命起源推到浅海，这又该如何解释？

　　2007 年 8 月，美国地质学家宣布，他们发现了古老的深海微生物化石——在中国的一座矿山下发掘出土，上面发现了原始细菌，说明深海热液喷口可能是生命的发源地。这些被称之为"海底黑烟囱"的化石约有 14.3 亿年，比之前确定的类似化石早 10 亿年。这一发现更有力地证明了生命起源于海底，是海洋科学取得的最重要科学成就之一。

　　海底黑烟囱源于地壳中的水下热液喷口，这里曾经喷射出高达 400℃ 富含矿物质的热液。在海底黑烟囱周围生活着特殊的深海生物群落，它们的初级生产者嗜热细菌和古细菌的生存不依赖于进入海底黑烟囱的阳光和氧气，而以熔化的矿物质为食。因此，现代海底黑烟囱周围的热液环境，是探索地球生命起源的理想场所。

　　目前已知的最古老地球生命类型之一，是在西澳大利亚发现的丛生原型细菌块，科学家们称之为"叠层石"，有 35 亿年。这一发现说明生命的发源地不是深海，而是浅海。但以上两大发现都不是有关生命起源的最终定论。曾经被认为生物稀少的海底，其实是多种多样的微生物栖息地——科学家已经发现海底拥有的细菌数量，比海洋上层水体拥有的细菌数量多三四倍。

大量的海底调查研究还发现，在海底黑烟囱周围广泛存在着古细菌。这些古细菌极端嗜热，可以生存于 350℃的高温热液以及 2000 ～ 3000 米的深水环境中。"黑烟囱"喷出的矿液温度高达 350℃，并含有甲烷等有机分子，为非生物有机合成创造了条件——这个环境可以满足各类化学反应，有利于原始生命的生存。

随着"大洋发现计划"（IODP）的开展，科学家提出，地球生命可能起源于海底的热液口，深海矿物质热液和气体有助于有机体的形成。而海底火山口特殊的环境，不仅具有强大的压力，又具有较高的温度，也不缺乏液态水。由于没有太阳光照的作用，这里的能量系统与地球表面差距甚远，它很可能是地球早期生命的诞生之地。

讲信用的季风：
海洋这样调节全球气温
(2007.8)

105

哈雷彗星的提出者——埃德蒙·哈雷，除了是大名鼎鼎的天文学家外，他还是地球物理学家：正是他，首先发现信风，并系统研究主要风系与主要海流的关系。近年来，世界海洋与大气相互作用的研究日益兴盛，为解决人们最为关心的全球气候变化等问题提供了现实路径。

▲ 埃德蒙·哈雷 (1656—1742)，格林尼治天文台第二任台长，首次利用万有引力定律推算一颗彗星的轨道，并预测它以约 76 年为周期绕太阳运转，该彗星后称"哈雷彗星"。

早在公元 1 世纪，阿拉伯航海者就认识到：每年 4 月到 10 月的夏季，印度洋西南风盛行，海流在风力推动下顺时针流动，贸易商船向东航行到印度最有利；而 11 月到次年 3 月的冬季，东北季风盛行，海流也改为逆时针方向流动，就扬帆从印度回到阿拉伯半岛南部和东非海岸。

这就是信风，其中北半球盛行东北信风，南半球盛行东南信风。由于古代船舶需用船帆受风而行，国际贸易往往都要等待信风，故信风又称"贸易风"。中国明代郑和七下西洋，除了第一次是夏季启航秋季返航外，

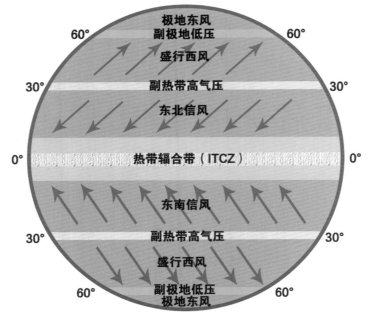

其余 6 次都是在下半年的东北季风期间出发，在西南季风期间返航，充分说明当时对季风活动规律已有深刻的了解。

由于地球上约 70% 的面积是海洋，长期以来科学家们就一直在探索海洋对气候变化产生的重要影响。2007 年 8 月，经过 50 多年研究的澳大利亚科学家，在南半球发现一条从不为人所知的"深海通道"，连接南半球的三个大洋盆地，将有助于揭开海洋与气候的关系之谜。

新发现的这条深海通道，就像世界气候系统的"机房"，只是以前从没发现过。通道里的洋流从塔斯曼海流出，平均深度为 800～1000 米，一路对气候变化发挥着重要作用。

洋流，其实是海洋中的海水从一个海区水平或垂直地流向另一个海区的大规模非周期性运动。在塔斯马尼亚以南，深海洋流形成一个交汇点，连接着南半球海洋的主要海底洋流。在每一个海洋中，水流大致以逆时针方向旋转，或是沿着海洋盆地的边缘旋转。它们还带动全世界海洋的流动，把热带地区的海洋热量输送到极地地区，或者形成洋流和潮汐以帮助平衡气候系统。

事实上，海洋对气候变化的影响还不止于此。海洋表面 3 米的海水所含的热量，就相当于整个大气层所含热量的总和。海洋环流将在低纬度区从太阳吸收的热量向南北极方向输送，调节地球表面的气候，其作用与大气环流的作用相当。

海洋还是地球上最大的碳库，囊括了地球碳总储量的93%，是大气的50倍，陆地生态系统的20倍。现在，全球大洋每年吸收二氧化碳约20亿吨，占全球每年二氧化碳排放量的1/3左右。有科学家甚至发现引潮力很大时，深海的凉水会上升至海洋表面，并逐渐吸收二氧化碳，由此调节全球气温，所以引潮力也被称为地球的恒温器。

2004年上映的美国科幻电影《后天》中，由于气候转暖导致全球洋流停止，致使一场灾难级风暴侵袭全球主要城市。而美国加州大学斯克里普斯海洋研究所的最新研究报告表明，之前研究评估全球二氧化碳指数将在2100年达到700ppm，长此以往2400年海洋环流将崩溃，使地球大面积降温，陷入冰河时期，《后天》中的灾难剧情会真实上演。

▲ 电影《后天》海报。

海底钻探 7000 米：
探究地球生命之源

106

（2007.9.21）

　　2007 年 9 月 21 日，世界最大深海探测船日本"地球"号在东京以南太平洋一水深 2500 米处实施勘探，从海底向下钻入 7000 米，旨在揭示气候暖化秘密，寻找有助于解释生命起源的微生物，特别是在解答巨大地震发生理论、发现新的海底资源等方面备受世人期待。

　　深海沉积是千万年来海洋变迁的历史档案，保留着许许多多"记录"。通过大洋钻探搜集此类记录，按照年代进行比对，就能知道地球在某个时期的气候如何，比如：在地中海底发现了大量盐层，说明600 万年前这里一度干枯成晒盐场；北冰洋曾经是暖温带的淡水湖，5000万年前漂满浮萍一片红。大洋钻探还证明了 6500 万年前恐龙灭绝的原因，确实是小行星撞击地球所致。

　　大洋钻探计划经历了四个阶段，名称各不相同：最初叫"深海钻探"（DSDP，1968—1983），后来叫"大洋钻探"（ODP，1985—2003）和"综合

> **TIPS**
>
> 　　大洋钻探 1968 年始于美国，1978 年美国建造了"决心"号钻探船。继美国之后，法、英、日等发达国家纷纷加入大洋钻探并形成国际计划，至今历经 50 年，盛况不衰，已发展成有 26 个国家参加的国际共同研究、年预算接近 2 亿美元的巨型国际合作。

→ "决心"号大洋钻探船在赤道附近海域航行。

大洋钻探"（IODP，2003—2013），现在叫"大洋发现计划"（2013—2023），英文还是 IODP。大洋发现计划能历经 50 年而不衰，关键在于它节节攀升、不断更新的科学目标。在大洋钻探四大阶段，每个阶段都会制订一份新的科学计划。最近为 2013—2023 年新制订的 IODP 科学计划叫"照亮地球"，其中最亮的内容是"地球连接"，或者叫"行星循环"。

大洋钻探的难度极大，因为在 4000 米海底打钻，从钻探船上将钻具送到海底钻孔，相当于从 4000 米高空的飞机上向地面投篮。而且，地面的篮框是亮的，海底却一片漆黑。再向下钻进海底 1000 米，那根 5000 米长的钻杆长度就相当于 5 条上海南京路步行街。由于深海不能抛锚，钻探船要稳定在同一钻孔上方连续作业，才能把钻成的完整岩芯从海底取出。

2007 年 9 月 21 日，"地球"号在东京以南的南海海槽开始钻探。这里水深 2500 米，从海底算起地壳厚约 5000 米，是地壳相对较薄的地方，也是人类深入地幔的最佳通道。而"地球"号是世界上第一艘采用竖管钻探方式的深海探测船，它的钻探系统控制钻管先行深入海中，并与防止海水和泥浆喷射的防喷装置连接，钻头可顺着钻管直达海底地层，使钻头免受海流等的损害。

2012 年 4 月，"地球"号在宫城县近海创造了从海面到海底以下合计钻探深度 7740 米的世界纪录。2012 年 9 月 6 日，日本宣布"地球"号在青森县八户市近海钻探到海底以下 2132 米处，创造了当时全球最深海底科考钻探纪录，当地水深约为 1180 米。

2014 年 12 月，"地球"号在执行大洋钻探任务时，研究人员在海底以下 2446 米处的煤层中，发现竟然存活着单细胞微生物，它们是迄今发现的海底最深环境的生命体。科学家认为可能还有其他微生物存活于海底煤层，彼此形成独特的生态环境，故称之为"煤层生物圈"。

日本海洋研究开发机构的专家说，对地幔的钻探将在 2030 年开始。届时，"地球"号将会在地幔中发现生命体吗？

"地球"号能在地幔、大地震发生等区域进行高深度作业，号称"人类历史上第一艘"多功能科学钻探船。

大洋环流：
追踪大海中的"河流"
（2007）

　　海上漂浮物都有自己的故事，将这些小小故事串在一起，便能拼凑出有关大海的点点滴滴。看，小鸭"舰队"经过白令海峡进入北冰洋，最终进入北大西洋，于 2007 年抵达英国海岸，为海洋科学家们带来了极为难得的洋流研究资料，也意外地揭开了大海的秘密。

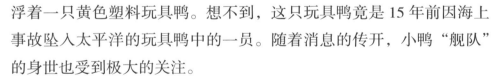

　　2007 年的一天，英格兰一名 60 岁的中学退休女教师潘妮·哈利斯在海滩上遛狗时，意外地发现海面上漂浮着一只黄色塑料玩具鸭。想不到，这只玩具鸭竟是 15 年前因海上事故坠入太平洋的玩具鸭中的一员。随着消息的传开，小鸭"舰队"的身世也受到极大的关注。

　　原来，1992 年一艘从中国出发的货船在东太平洋上遭遇强烈风暴，船上一个装满近 3 万只黄色塑料玩具鸭的集装箱意外坠入大海。其中近 2 万只玩具鸭顺着太平洋副热带环流，经过印度尼西亚、澳大利亚、南美洲等地洋面。另一批约 1 万只玩具鸭则挥师北上，这支小鸭"舰队"经过白令海峡进入北冰洋，绕过北极，再经过格陵兰岛和冰岛，最终进入北大西洋，于 2007 年抵达英国海岸。15 年来，美

➡️ 出人意料的是，全球大洋表层环流的图像，看起来很像凡·高创作的名画《星空》。

国海洋学家柯蒂斯·艾伯斯梅耶一直在追踪这群玩具鸭，他发现小鸭"舰队"的壮游历程透露了海洋的运行节奏，意外地揭开了大海的秘密。

其实，大洋中的海水并不像我们平常所想、所见的那样只停留在一个地方，而是会像陆地上的河流那样，在全球大洋体系中不停地流动，形成首尾相接的独立环流系统，号称"大洋环流"。这些流动的海水，也像陆地上的河流一样，宽窄、长短和流速均有所不同。而且，除了水平环流，大洋环流还有垂直环流，即人们所说的"升降流"。

洋流又叫海流，是指大洋表层海水常年大规模沿一定方向进行的较为稳定的流动。洋流是地球表面热环境的主要调节者，巨大的洋流系统促进了地球高低纬度地区的能量交换。洋流与所流经区域之间，也通过能量交换改变其环境特征。引起洋流运动的因素可以是风，也可以是海水密度分布的不均匀性，加上地转偏向力的作用，造成海水既有水平流动，又有垂直流动。

洋流的另一大功劳，就是可以极大程度地促进水体的交换，把沿岸受到陆源污染的海水排到远海、深海进行稀释，同时又把外海清洁的海水输送到近海。可以毫不夸张地说，海域的自净能力，很大程度上取决于洋流的存在。

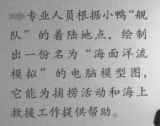

➡ 专业人员根据小鸭"舰队"的着陆地点，绘制出一份名为"海面洋流模拟"的电脑模型图，它能为捕捞活动和海上救援工作提供帮助。

由于海岸和海底的阻挡和摩擦作用，洋流在近海岸和接近海底处的表现，和它在开阔海洋上有很大的差别。洋流对海洋中多种物理过程、化学过程、生物过程和地质过程，以及海洋上空的气候和天气的形成及变化，都有影响和制约的作用。因此，了解和掌握洋流的规律、大尺度海—气相互作用和长时期的气候变化，对渔业、航运、排污和军事等都有重要意义。

从 20 世纪 70 年代发生能源危机以来，人们便开始思考能否利用洋流发电的问题了，因为海流蕴藏着巨大的能量。世界第一大暖流墨西哥湾暖流，最大流量可达每秒 9300 万立方米，总流量相当于所有河流流量的 20 倍。如果从中仅仅提取 4% 的能量，就相当于一座核电站的输出功率。

现在洋流发电受到许多国家的重视，中国、美国、英国、日本等国都在大力研究试验洋流发电技术。意大利阿基米德桥公司从 2001 年开始，研制出世界上第一台洋流发电机样机，在墨西拿沿海

夜晚发光的吉普斯兰湖：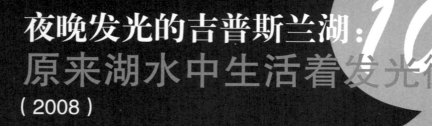原来湖水中生活着发光微生物

（2008）

　　电影《少年派的奇幻漂流》中最梦幻的镜头，莫过于散发出淡蓝色荧光的夜晚：夜空下的海面像星空一样明亮，因为不少海洋生物发出迷人的荧光，而驶过的船、游泳的人以及海浪，都会激发美丽荧光的反射。这种景象其实在现实世界中就有，只不过非常罕见，原因也众说纷纭。

　　澳大利亚的吉普斯兰岛是一座美丽的岛屿，每年岛上都会涌来大批游客。除了欣赏美景，游客们还想亲身体验一下吉普斯兰湖的神奇。吉普斯兰湖面积约 10 平方千米，白天看起来与其他湖泊没什么两样，可到了晚上，湖水便会发出蓝幽幽的神秘光芒，令人惊诧不已。

　　这种湖水发光现象，最初是由一个叫哈特的当地人发现的。2008年的一天晚上，哈特在吉普斯兰湖边散步时，突然发现湖水发出微微蓝光，而且用手一撩湖水，蓝光更加明显。这是怎么回事呢？

　　有人怀疑湖里有放射性发光染料，有人猜测湖水变蓝可能是湖里生活着大量会发光的鱼儿。通过对湖水进行采样调查，专家终于发现，原来湖水中生活着一种发光生物——夜光藻。这种浮游生物在海洋中分布广泛，是甲藻中较为特殊的一种。它们长着圆球形身体，个头儿极其微小，

其细胞直径为 150 ～ 2000 微米，人们用肉眼很难发现它们的存在。

夜晚的吉普斯兰湖，宛如《少年派的奇幻漂流》中的梦幻场景。夜光藻为何只在吉普斯兰湖中大量繁殖，而在岛上的其他湖中却鲜有出现呢？对于这个问题，人们目前仍难以破解。

自古以来，人们就一直为"火海"这种自然现象感到困惑。在哥伦布的航海日志里，记载着在西印度群岛珊瑚礁附近出现过"移动大火炬"。毫无疑问，哥伦布看到的是出现在那一带海域的发光微生物。第二次世界大战期间，日本海军就曾使用过这种死水蚤粉末。当他们夜间偷袭敌人时，便把粘在手掌上的粉

末弄湿，利用它发出的微弱蓝光察看航

← 少年派的奇幻漂流——金枪鱼追飞鱼。

海图。

在马尔代夫的瓦度岛，散落的蓝色光亮看起来就像星空映照在沙滩上。这些光亮，其实是海浪中潜藏的生物荧光，由海洋浮游植物所产生。哈佛大学生物荧光专家伍德兰德·黑斯廷斯甚至说，在世界各大洋中，有多种浮游植物都具有发出生物荧光的能力。

那么，海洋生物为什么会发光呢？无疑，有些生物发光是为了分散敌害的注意力或惊吓进攻者，如许多小甲壳纲动物和腔肠动物，只有在受到触碰时才作出反应，显然是为了惊吓敌害。另外，生物发光还起到隐蔽作用。许多生活在700～800米水深处的生物，如枪乌贼和小虾，腹部有一排发光器官。这些生物能调整发光强度、颜色和发光部位，与射入水面的光亮相会合，从而把自己隐蔽起来。还有些鱼类发光是为了捕食，如灯笼鱼的前部有发光器官，作用就是如此。

随着我们对生物发光的进一步深入了解，生物发光现象已不显得那么神秘了。不过，黑暗中的生物光总是美丽诱人的，就像《少年派的奇幻漂流》中的梦幻场景一样。

➡夜空下的海面像星空一样明亮。

让"死"海变"活"：引人注目的拯救死海行动

109

（2008.6）

在这个世界上，大自然的鬼斧神工造就了无数令人惊叹的美景奇观，位于约旦与巴勒斯坦之间西亚裂谷中的著名盐湖——死海便是其中之一。但死海是神奇的，也是脆弱的，为此科学家们正千方百计拯救濒临灭亡的死海。

死海虽被称为海，其实是一个含盐量极高的咸水湖，它的形成与其独特的自然环境有直接关系。长期以来，死海地区气候炎热、干燥，注入的河水没有出口，唯一出路便是蒸发，而水中所含的盐分却留在死海中，经年累月越积越多，便形成了今天世界上最咸的咸水湖——死海。

死海之所以称为死海，是因为过去人们一直认为它没有任何生命。20世纪90年代，科学家在死海中发现了两种细菌，证明死海实际上并非一片寂静。不过，科学家对生物何以在死海中生存百思不得其解。美国和以色列的科学家通过研究，终于揭开了谜底：原来，死海中有一种叫作"盒状嗜盐细菌"的微生物，具备可防止盐侵害的独特蛋白质。通常蛋白质必须置于溶液中，一离开就会沉淀形成机能失调的沉淀物。高浓度的盐分会让多数蛋白质产生脱水效应。而盒状嗜盐细菌的蛋白质在高浓度盐分的情况下不会脱水，能够继续生存，从

⬆ 由于死海的含盐率极高，盐水比重很大，在湖中游泳和在陆地上爬行差不多，人躺在水面看书或休息并不是幻想。

而保护细菌在死海恶劣的环境中生存。

死海湖面低于地中海海面 398 米，作为世界陆地最低处，死海地区具有非凡的生态系统，拥有地球上罕见的盐水资源和独特的生命形式。人们已发现一系列特别的生态系统：海岸四周是半热带沼泽地，死海的北端和南端是沼泽生态系统，死海西部和西北部是沙漠和干旱生态系统，死海周围则围绕着河流和旱谷生态系统。

死海是神奇的，也是脆弱的。近年来，由于沿途截留灌溉，流入死海的约旦河水日益减少，致使死海水位以每年 1 米的速度急速下降。科学家估计，从 1950 年算起，死海水深至少已降低 40 米。死海无出口，进水主要靠约旦河，而以色列、约旦和叙利亚都从约旦河分流水源。由于进水量小、蒸发量大，水位逐渐下降，使死海面临日益萎缩的危机。按目前状况推算，死海将于 2050 年彻底干涸！

为了让"死"海变"活"，科学家曾设想在地中海和死海之间开凿运河。目前最引人注目的行动，是从红海引印度洋海水注入死海，2008 年 6 月关于引红海水注入死海的可行性论证已经开始。该项研究由法国发展署资助，先期投入 300 万欧元，由两家国际建筑科技集团分别承担，其中法国的科伊纳·贝利耶公司负责研究具体的工程技术和经济支持问题，而环境生态方面的可行性研究主要由英国伊尔姆环境资源管理集团公司承担。

2015年2月26日，约旦与以色列在约旦首都安曼签署协议，共同兴建一条长约320千米的引水管，将红海亚喀巴湾的海水引向北面的死海，以阻止死海水位持续下降，拯救濒临消亡的死海，并缓慢将水位恢复到符合生态的标准。

多么期望，人类能够以自身的智慧和博大胸怀，为死海开辟一条起死回生之路，使这一难得的自然瑰宝长留人间。

埃及红海岸。

新海洋圈地运动：
以保护海洋生态环境的名义

（2009）

根据《联合国海洋法公约》的相关规定，建立海洋保护区是沿海国行使对专属经济区内海洋环境保护和保全的管辖权的合法方式。于是自20世纪以来，一场通过建设海洋保护区，以保护海洋生态环境的名义进行的"新海洋圈地运动"正悄然兴起。

很长一段时间，世界上面积最大的海洋保护区，是英国在印度洋上建立的查戈斯群岛海洋自然保护区，面积约为65万平方千米。该群岛位于印度洋中部的珊瑚群岛，是英国在印度洋上的领地。阿加累加岛居民称它为"远处的岛"，因为到此岛乘船需要多日。

太平洋偏远岛屿海洋国家保护区位于中南太平洋，由美国前总统小布什于2009年设立，包括马里亚纳海沟和美属萨摩亚的玫瑰环礁。这一区域的环礁、暗礁和水下山脉，是数百种珍稀鱼类和鸟类的栖息地，其中包括稀有鸟类马来西亚冢雉,这种鸟在该地温热的火山灰里孵卵。

大堡礁世界自然遗产

马里亚纳海沟位于西太平洋马里亚纳群岛以东，面积是美国大峡谷的 5 倍，大部深 8000 余米，其中斐查兹海渊深 11034 米，为已知世界最深处。玫瑰环礁是世界上最小的环礁，面积约 8 公顷，是那些受到灭绝威胁的绿海龟和濒临灭绝的玳瑁筑巢的重要地方。之所以会命名为"玫瑰环礁"，是因为外侧环礁斜坡上长满粉色的珊瑚藻类。

太平洋偏远岛屿海洋国家保护区保存有世界上最原始的一些热带海洋环境，包括被正式称为马里亚纳群岛海洋国家历史遗址、玫瑰环礁海洋国家历史遗址和太平洋岛屿海洋国家历史遗址。这个占地约 50 万平方千米的地带，将禁止一切采矿和商业捕捞活动。

2014 年，奥巴马政府将这一保护区扩大成世界级保护区，包括威克岛和约翰斯顿环礁周边 203 万平方千米的海域，区内禁止商业捕捞和能源开采。保护区旨在保护面临过度捕捞、污染和酸化三大威胁

▼ 大堡礁。

的海洋，这里有大片面临漂白和海洋酸化的珊瑚礁。设立保护区的一个关键目的，是保护海底山脉，那里为金枪鱼、海龟、蝠鲼和鲨鱼等生物提供栖息地和捕猎场，并且使它们得以繁殖。保护区内的岛屿和环礁也是无数海鸟的家园。

澳大利亚也不甘落后。据澳大利亚媒体 2012 年 6 月 14 日报道，澳大利亚将建立世界上面积最大的海洋保护区网络，以保护海洋生物多样性。这一保护区的面积将达 310 万平方千米，几乎是澳大利亚陆地面积的一半。计划中的海洋保护区环抱澳大利亚国土，包括东北岸外闻名遐迩的珊瑚海和大堡礁。

为实现《约翰内斯堡执行计划》关于海洋保护区的建设目标，不少沿海国制订了在 2020 年以前覆盖 20% 管辖海域的保护区建设计划。预计在 2020 年以前，将有更大面积的专属经济区被划归为海洋保护区。

跨海大桥：
人类交通史上划时代的壮举

（2009.12.15）

江、河、湖、海中的千千万万座桥梁，有数不尽的历史、说不完的传奇。正是这些形形色色的桥梁，让人感觉世界越来越小。迄今为止，港珠澳大桥横跨珠江口海域，全长约55千米，是中国建设史上里程最长、也是施工难度最大的跨海桥梁。

跨海大桥，指的是横跨海峡、海湾的桥梁。这类大桥短的几千米，长的数十千米，还存在海洋地质、气候等复杂的自然环境因素，是顶尖桥梁技术的体现。

史上记载最早的跨海桥梁，出现在公元前480年，距今近2500年。当时，波斯国王泽尔士一世率军远征希腊，建造了一座由674艘战船组成、分两排横越海峡的浮桥，让波斯大军七天七夜成功渡过了赫勒斯滂海峡。

1937年，横跨美国旧金山湾湾口的金门大桥建成。这是世界上最著名的跨海桥梁之一，被誉为近代桥梁工程的奇迹。大桥全长

2737 米，南北两侧耸立两座门字形桥塔跨度为 1280 米，是当时世界上跨度最大的钢结构悬索桥。

世界第一座现代斜拉桥，是 1955 年在瑞典建成的主跨 182.6 米的斯特罗姆海峡钢斜拉桥。1968 年建成的日本尾道大桥，也是世界上具有代表性的早期斜拉桥。尽管斜拉桥出现较晚，但由于其造型美观且建筑成本较低，在后来的大桥建设中这一技术也越来越成熟。

斜拉桥和悬索桥在中国出现较晚，发展却很快。2008 年 6 月 30 日正式开通的苏通大桥位居世界斜拉桥之首，跨度为 1088 米，宏伟壮观。连接舟山金塘岛和册子岛的西堠门大桥则是悬索桥的代表作，主跨为 1650 米，位居国内第一、世界第二。

进入 21 世纪，中国桥梁建设进入了以超大跨度拱桥、斜拉桥、悬索桥和跨海大桥为主的时代，在长江三角洲海域，就云集了东海大桥、杭州湾跨海大桥和舟山跨海大桥中国三大跨海桥梁。

最值得中国人骄傲的，是连接香港、珠海、澳门三地的 55 千米港珠澳大桥工程，它于 2009 年 12 月 15 日正式开工建设，2017 年 7 月 7 日主体工程贯通，2018 年正式通车，创下世界最长跨海大桥的纪录，并首次实现珠海、澳门与香港的陆路对接，形成"1 小时交通圈"。由于拥有全球最长的公路沉管隧道和全球唯一的深埋沉管隧道，

也是中国建
设史上里程最长、投资
最多、施工难度最大的跨海桥梁，港珠澳大
桥还被英国《卫报》评为"新世界七大奇迹"
之一。

　　放眼全世界，前有日本明石海峡悬索桥
刷新世界桥跨纪录，达到 1991 米，后有主跨
3300 米的意大利墨西拿海峡大桥设计完成，
一些桥梁专家预测，西班牙与摩洛哥之间的
直布罗陀海峡大桥、连接阿拉斯加和西伯利
亚的白令海峡大桥，桥梁跨度都将会突破，
从而把亚非欧美四大洲连为一体。

TIPS

　　悬索桥是世界上跨域能
力最大的桥梁结构，在中国
也是最古老的桥梁形式之
一。悬索桥也称为吊桥，行
车和行人的桥道梁（通常称
为加劲梁）通过吊索挂在主
缆上。20 世纪 30 年代，以
美国金门大桥为标志，悬索
桥技术开始走向成熟。70 年
代，悬索桥技术被日本引用，
以关门大桥为起点，开始了
大规模的、长达 20 余年的悬
索桥建设。

《阿凡达》导演卡梅隆：
单独下潜万米海沟第一人

（2012.3.26）

　　此次人类时隔半个世纪重返马里亚纳海沟，可能将代表着人类深海考察行动的重新复苏。当然，卡梅隆自信的背后，是强大的科研团队、完美的工程设计、优良的材料保障、精确的制造和足够的财力支持。

　　詹姆斯·卡梅隆执导了《食人鱼2：繁殖》《深渊》《异形》《泰坦尼克号》《阿凡达》等经典影片，一次次创造了全球电影史上的票房神话，2010年入选《时代周刊》评出的"全球最具影响力人物"，同年获得美国视觉效果工会奖终身成就奖。

↑ 科幻电影《阿凡达》。

　　除了是多才多艺的电影导演、追求科学幻想的电影人，卡梅隆还是富有激情的深海探险家——他的内心充满着对海洋的渴望，希望自己能像鱼一样在大海中自由自在地遨游。

　　2012年3月26日北京时间清晨5时52分，关岛当地时间7时52分，卡梅隆驾驶着单人深潜器"深海挑战者"号，成功下潜到世

界海洋的最深处——马里亚纳海沟的挑战者海渊底部，此次他下潜的深度是 10898 米。抵达洋底后，卡梅隆以《国家地理》探险家和电影制作人的身份，向海面上为他的下潜提供支持的团队发出讯号："各系统一切正常。"

要知道，迄今为止，能够抵达这个位于关岛附近深邃海沟底部的，全球只有三人——另外两人是瑞士的小皮卡德和美国的沃尔什。卡梅隆是单独下潜万米海沟第一人。

绿色"深海挑战者"号是一款突破传统思维的直上直下型深潜器，由卡梅隆及其团队耗时 7 年时间设计完成，长约 7 米，下潜速度高达每分钟 150 米，而一般的遥控水下机器人（ROV）下潜速度仅为每分钟 40 米。快速的下潜使深潜器能够有更多的能量维持海底运行，这正是工程师们当初设计的目的：只要卡梅隆能尽快抵达海底，就有更多的时间可以留给科学工作，因此也是一场对速度和科学的追求。

此次人类时隔半个世纪重返马里亚纳海沟，可能将代表着人类

深海考察行动的重新复苏。虽然无人驾驶深潜器同样可以下潜到这样的深度，并且耗资要小得多，但人类为什么还要进行载人深潜呢？

原来，载人深潜可以让人身临其境：你可以真切地四处张望，观察这个环境中各种生命体之间的相互关系，以及它们的行为；关掉所有灯光，静静地坐在那里观察却不惊扰动物，这样它们才会表现出正常的行为。所有这些，自动驾驶无人深潜器是做不到的。看，卡梅隆的下潜已经创造了奇迹，代表了人类看待海洋科学态度的转变。

2013年3月，卡梅隆将他2012年潜入马里亚纳海沟乘坐的"深海挑战者"号深潜器捐献给美国伍兹霍尔海洋研究所。卡梅隆希望"深海挑战者"号能够继续处于工作状态，挖掘它的潜力，并深情地说："我希望再次驾驶它潜水，还有很多真正有趣的科学目标等着我去探索。我希望看到'深海挑战者'号潜入汤加海沟、克马德克海沟和赛琳娜海渊（马里亚纳海沟的一部分，深10.7千米）。"

沧海桑田：
中国人科学定义海陆变迁

（2012）

海域可以变成陆地，陆地也可以变成海域。中国古代对海陆变迁有着比较深刻的认识，并具体表现在对"沧海桑田"概念的认知发展上。而远古"精卫填海"的神话，就反映了早期的海陆变迁思想和中国先民改变海洋地貌的心愿。

自然力形成的海陆变迁思想，在中国可以追溯到汉代，认为这种变化是十分缓慢的地质过程。对"沧海桑田"的成因进行科学探讨，则始于北宋。北宋大科学家沈括（1031—1095）在《梦溪笔谈》中记叙了亲身经历的一件事：在太行山一带，他发现山崖间有螺蚌壳的化石，以及像鸟蛋一样被水流冲刷过的卵石，由此他推断太行山一带曾是古代的海滨，并提出华北平原皆为泥沙沉积而成。

沈括用自然界客观存在的侵蚀、搬运和沉积作用，来说明地形高下可以互变，沧海桑田可以互变的道理。这是对"沧海桑田"成因的科学解释，英国科学家、中国科技史研究专家李约瑟（1900—1995）对此有高度评价。

现代科学早已证实，地球自形成以来，曾发生过多次地壳变迁。

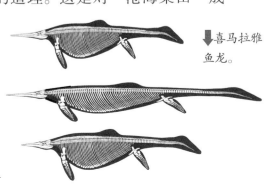

▼喜马拉雅鱼龙。

本书获得台湾第33次中小学优良图书推荐

图解《梦溪笔谈》

许汝纮编辑群◎著

轻松读懂古代科技知识
努力成为现代科技超人

儒易出版社

现今的高山、高原上曾发现远古的鱼类、贝类化石，现今的海底、湖底也曾发现古人类的生活遗物。1966年，中国科学院组织大规模的综合科学考察，在"世界屋脊"西藏聂拉木县的土隆地区意外地发现一具长逾10米的海生动物鱼龙化石。原来，在2亿年前，喜马拉雅一带是汪洋大海，后来发生造山运动，地壳逐年上升，日积月累，大海终于变成高山。

2012年，海洋地质学家李家彪及其团队经过20多年的研究发现，在1万多年前的地球冰河期，海平面下降了150米，当时的东海大陆架不见海水，而是一片宽广平坦的"桑田"和蜿蜒的"河道"，现在的台湾岛、钓鱼岛在当时都和中国大陆连为一体，人和动物可以自由迁徙。它有力地证明了钓鱼岛是中国大陆向东海的自然延伸，据此中国政府于2012年12月14日向联合国正式提交了"中华人民共和国东海部分海域二百海里以外大陆架外部界限划界案"，以维护国家海洋权益。

海底油气田：
物探技术发现你

（2012.5.9）

　　20 世纪初，有人在墨西哥湾的海面上发现了油花，当时并没引起关注。后来，一群地质学家来墨西哥湾探测，终于在海底找到一个大油田，并于几年后在这里建成世界上第一个海洋采油井。目前，世界范围的海洋油气资源勘探开发正向 3000 米的超深水域挺进。

　　地球上储量超 1 亿吨的巨型油田有 10 个，令人咋舌的是，其中 7 个在波斯湾。波斯湾位于伊朗高原和阿拉伯半岛之间，面积 24.1 万平方千米，平均水深 40 米。就是这么一个小小的海湾，却蕴藏着世界上最丰富的石油，有大小油气田 180 多个。该海域石油剩余可采储量约占世界石油储量的一半，天然气剩余可采储量则占世界总储量的 26%。

TIPS

　　1954 年夏天，海南岛一位渔民在南海西北部的莺歌海意外地发现，大海就像被烧沸了的开水一样直往上"冒泡泡"。这"小泡泡"就是中国海洋第一个油气苗。从 1958 年起，中国海洋石油工作者根据这一发现，在附近海域相继钻探了近 10 个钻探井，由此发现了我国南海油气资源储存量十分丰富的莺歌海盆地，开发前景十分美好。

　　波斯湾为什么有这么多油气？科学家认为，这和海底有机沉积物的极其丰富以及地壳运动有关。浅海里生活着众多鱼虾贝蟹，还有难以计数的浮游生物以及江河带来的大量泥沙，当海洋生物死亡后尸体和泥沙一起沉积在海底，便形成有机淤泥。随着地层的不断沉降，有机淤泥越埋越深，最后与空气隔绝，加上地层深处温度、压力的作用，厌氧细菌就会把有机质转变成石油和天然气。

地下的储油构造则像倒扣的大脸盆，再把分散的油滴汇集并保存起来，就形成石油和天然气的"大仓库"。由此可见，生成海底油气田，除了要有丰富的有机沉积物和稳定的沉积盆地外，还要有良好的生油、储油、运聚、保存油气的条件，缺一不可。

怎样才能找到海底油气田呢？海底有许多石油和天然气，它们大多躲藏在海底储油构造中。储油构造往往是呈倒 V 字形的上穹岩层，天然气位于最上层，石油在中层，水在最下层。科学家借助调查船上的仪器，能发现地层中的储油构造，这类方法叫作地球物理勘探，简称物探。

物探中最重要也最常用的一种方法是地震波勘探，它利用在船尾拖曳的电缆发出和接收人工地震波。地震波在不同的地层中的传播速度不一样，在不同地层的界面上还会反射。仪器把接

➡ 钻井平台。

收的反射波加以放大、分析，就可以知道海底地层的情况，把其中的储油构造找出来。除了地震波勘探法，科学家还采用重力勘探法和磁力勘探法。前者是通过测量地面上各点的重力变化来了解地层的情况，后者则是通过测量岩石磁性的变化来了解地层构造，通过它们也能找出地层中的储油构造。

国际上一般将水深超过 300 米海域的油气资源定义为深水油气，1500 米水深以上称为超深水。近年来，在全球获得的重大勘探发现中，有 50% 来自海洋，主要是深水海域。据预测，未来世界石油地质储量的 44% 将来自深水海域。由于深海的地质条件复杂，油气勘探开发技术难度和投入呈几何级数增长。

素有"第二个波斯湾"之称的南海被列为国家十大油气战略选区之一，是中国能源未来的希望之地。从浅海大陆架向水深超过1000 米的深水区进军，已成为我国海洋油气开发的主旋律。2012 年5 月 9 日 9 时 38 分，我国首座深水钻井平台"海洋石油 981"在南海珠江口海域首钻成功，钻头触及南海荔湾 6—1 区域约 1500 米深的水下地层。这是我国首次独立进行深水油气勘探开发，标志着我国海洋石油工业的深水战略迈出了实质性的步伐。

TIPS

"海洋石油 981"被称作深水半潜式钻井平台，为中国海洋石油总公司设计与建造，是中国首座深水钻井平台。平台长 114 米，宽 90 米，高 112 米，重量超过 3 万吨。工作海域最大水深 3000 米，钻井深度最多达 12000 米。

"蛟龙"号载人深潜器：
创下人类深潜作业的新纪录

（2012.6.27）

　　世界海洋深潜排名，是一个国家综合实力与竞争力的体现。苏、美、日、法等国先后设计建造了载人深潜器，开始了对大洋深处的早期探索。中国"蛟龙"号载人深潜器的下潜成功，让中国人对大洋底部不再陌生。看，从"蛟龙"号释放出的水下机器人，正带着中国梦游向海洋强国。

　　深海技术被认为是与航天技术、核能利用技术并列的高新领域，而载人深潜器则是海洋开发和海洋技术发展的最前沿和制高点。这种名副其实的"海底蛟龙"，与潜艇有何区别？一般又用在何处？

　　深海潜水器可以分为带缆水下机器人、自主型水下机器人和载人潜水器等。特别是深海载人潜水器，是海洋开发的前沿与制高点之一，其水平

↑"蛟龙"号。

可体现一个国家结构、材料、控制、海洋学等领域的综合科技实力。

　　深海潜水器与潜艇的主要技术区别是什么？深海潜水器不能完

↑ "蛟龙"号机械手在西南印度洋海底作业。

全自主运行，必须依靠母船补充能量和空气。比如，"蛟龙"号的母船是"向阳红9"号，每次海试结束后，"蛟龙"号都会被回收到母船上，而不是在海中独立行驶。深海潜水器体积较小，航程短，也没有潜艇那样的艇员生活设施。

深海潜水器和潜艇的下潜方法相同，都是向空气舱中注入海水，但上浮的方法不同：潜艇上浮时，会使用压缩空气把空气舱中的海水逼出去；而深海潜水器由于下潜深、环境压力大，压缩空气不足以逼出空气舱中的海水，一般采用抛弃压载铁的办法实现上浮。

俄罗斯是目前世界上拥有载人深潜器最多的国家，其中最著名的是 1987 年建造完成的"和平一号""和平二号"两艘 6000 米级深潜器，电影《泰坦尼克号》里的很多镜头就采用了它们探测的片段。

在"蛟龙"号诞生之前，世界上可用的载人深潜器总共有 5 艘，

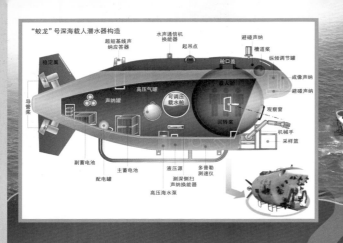

"蛟龙"号深海载人潜水器构造

超短基线声纳应答器　水声通信机换能器　起吊点　避碰声纳　槽道桨　纵倾调节罐　稳定翼　高压气罐　舱口盖　载人舱　成像声纳　避碰声纳　导管桨　声纳罐　可调压载水舱　回转桨　观察窗　机械手　采样篮　副蓄电池　主蓄电池　液压源　多普勒测速仪　配电罐　测深侧扫声纳换能器　高压海水泵

"蛟龙"号载人潜水器

↑ 2014 年 12 月 18 日，"蛟龙"号首次赴印度洋下潜，此次勘探发现了几个新的深海热液喷口和金银等贵金属的大型矿床。2015 年 3 月 17 日，"蛟龙"号搭乘"向阳红 9"号船停靠国家深海基地码头，正式安家青岛。

主要技术指标：

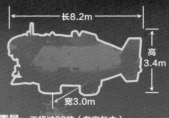

长8.2m
高3.4m
宽3.0m

重量：不超过22吨（在空气中）
有效负载：220千克(不包括乘员重量)
设计最大下潜深度：7000米
载员： 3人

下潜速度：
37米/分

① 在世界同类型载人潜水器中具备最大下潜深度7000米，这意味着该潜水器可在占世界海洋面积99.8%的广阔海域使用。

② 具有针对作业目标稳定的悬停定位能力，这为该潜水器完成高精度作业任务提供了可靠保障。

导航通信系统
与地面保持联系，保证潜水员信息通畅。

③ 具有先进的水声通信和海底微地形地貌探测能力，可以高速传输图像和语音，探测海底的小目标。

正常水下工作时间：12小时应急可达3天半

载人耐压舱
内直径2.1米标准载员3人。

钛合金壁
厚70多毫米，能抗超高压。

观测窗

机械手
位于潜水器正前方，左右各一个。

生命支持系统
提供氧气、水、食品、药品等。

携带两组压载铁，靠压载铁的重量下潜。

压载铁

抛掉压载铁，潜水器便获得足够浮力上浮。

④ 配备多种高性能作业工具，确保载人潜水器在特殊的海洋环境或海底地质条件下完成保真取样和潜钻取芯等复杂任务。

3000米
全球海洋平均深度
3682米
3759米
已实验最大下潜深度
4000米
5000米
6000米
7000米
设计最大下潜深度

分别是日本的"深海 6500"号、美国的"阿尔文"号、法国的"鹦鹉螺"号、俄罗斯的"和平一号""和平二号"。这些国家的深潜器最大工作深度为 6500 米。

中国研制的 7000 米载人潜水器"蛟龙"号，是目前世界上下潜最深的载人潜水器。"蛟龙"号具备深海探矿、海底高精度地形测量、可疑物探测与捕获、深海生物考察等功能，理论上它的工作范围可覆盖全球 99.8% 的海洋区域。"蛟龙"号的诞生和启用，让中国终于有了参与海底勘探的能力。

2012 年 6 月 27 日，在太平洋马里亚纳海沟 7000 米级海试第 5 次下潜中，"蛟龙"号再次刷新同类型潜水器的最大下潜深度纪录——11 时 47 分最大下潜深度定格在 7062 米，中国载人深潜纪录诞生了！这次下潜取得 3 个水样、2 个沉积物样、1 个生物样品，完成了多项海底试验，还通过布放生物诱饵，吸引了很多海底生物，借机抓拍了很多照片。

从 2002 年到 2012 年，从几百米到 7000 米，"蛟龙"号十年磨一剑，不仅跨越了时间和空间，还跨越了几代载人深潜科研人员的中国深海梦想。它的下一个目标已经锁定 10000 米，这将是人类能够抵达的地球表面的最低处。

TIPS

2013 年 8 月 10 日凌晨 1 时，"蛟龙"号在中国多金属结核勘探合同区详细勘查区，开展了中国大洋试验性应用航次第二航段首次应用下潜，取得海星、柳珊瑚、海绵、玄武岩、多金属结核等丰富样品，拍摄到鼠尾鱼、盲鱼、耳状章鱼、铠甲虾等种类丰富的大型生物。国家海洋局第二海洋研究所的海洋生物学家王春生随"蛟龙"号下潜至 5268 米，成为我国第一位在大洋乘坐"蛟龙"号下潜的科学家。

海上丝绸之路：
海洋强国战略的重大举措

（2013.10）

从某种程度上说，人类的航海史就是人类文明的传播与交融的历史，也是见证人类文明发展历程的历史。中国海上丝绸之路的发展历程，无疑是这段历史中一颗璀璨的明珠。

提起丝绸之路，稍懂中国历史的人都知道，这是一条古老而漫长的商路，包括陆地丝绸之路和海上丝绸之路。无论是陆地还是海上的丝绸之路，都在中国和世界文明史上留下光辉灿烂的篇章。

从时间脉络来看，海上丝绸之路的出现要先于陆上丝绸之路，它是古代中国与外国交通贸易和政治、经济、文化交流的海上重要通道。这条海上通道初创于先秦时期，形成于秦汉时期，繁荣于隋唐时期，全盛于宋元时期，顶峰于明朝初期，衰落于明朝中后期和清朝，是世界上已知的最为古老的海上航线。

↑给丝绸之路命名的不是中国人，而是近代德国地理学家李希霍芬（1833—1905）于1868—1872年在中国先后作了7次旅行后提出的。

一带一路经济走廊及
其途经城市分布示意图。

海上丝绸之路并不只用于贩卖丝绸，也不是单一航线，而是由东线、南线和北美航线共同组成的集商贸、文化、宗教交流为一体的海上航线总称——东线主要由中国经菲律宾到墨西哥等地；南线是从中国出南海，经马六甲海峡进入印度洋、波斯湾、红海，南下到达非洲东海岸；北美航线是指 1784 年"中国皇后"号开辟的中国与美国的贸易航线。

中外海上往来早就开始了：东汉时，罗马商人就是从海路经东南亚到中国的，法显也是乘商船穿越印度洋回国的；唐朝之后，中原与西域的交通隔绝，陆上丝绸之路失去昔日的繁华，丝绸贸易和中外交流逐渐由陆地转移到海上。

唐代后期，造船技术有了长足的进步，水手们也掌握了季风规律，贸易有了固定的航线和港口。中国的扬州、广州、明州（今宁波）发展为重要的沿海经济和商业中心，形成繁荣的海上丝绸之路。

从9世纪中期起，一批批阿拉伯商人乘船来到广州，从事丝绸贸易。南宋王朝在临安（今杭州）建立后，由于政治、经济形势的变化，泉州取代广州成为中国最大的海上贸易港，也是东方第一大港口。由泉州开往南洋、印度洋、阿拉伯和东非的船舶，都是在冬季趁北风出海，第二年夏季趁南风归航。1974年福建泉州出土了一艘宋代海船，据科学家推算，其载重量可达200吨。

海上丝绸之路对东西方贸易往来具有深远影响：唐代出口的丝绸和黄金在各国大受欢迎；唐代以后，陶瓷变成主要输出商品，深受海外市场青睐；明末茶叶传入欧洲，成为当时中国在国际上最具影响力的商品。由于海上丝绸之路的贸易，大量外国商品也涌入中国的市场，从上层社会的珍珠、玛瑙，到底层人民的玉米、番薯，到处都可以看到外国商品的影子，同样也影响和改变了中国。虽然明朝初期郑和七下西洋让中国的海上丝绸之路达到鼎盛，但之后明清两朝实行"海禁"政策，把繁荣昌盛的沿海经济活动完全扼杀了。

2013年10月，习近平主席倡导"一带一路"，指出东南亚自古以来就是海上丝绸之路的重要枢纽，中国愿同东盟国家加强海上合作，共同建设21世纪海上丝绸之路。"一带一路"是事关建设海洋强国和中华民族伟大复兴的重大战略决策，也是对古代海上丝绸之路和陆上丝绸之路的发扬光大，充分体现了中华民族和平、交流、理解、包容、合作、共赢的精神。

形形色色的水下装置：
它们很乐意助人到海底去

（2014）

117

对于海洋探险来说，最给力的资源便是探险者的大脑，因此当海底需要即兴发挥和诊断问题时，载人潜水器比无人潜水器更有优势。2014年，德国工程师推出一款名为"Seabob F7"的水下装置，让潜水者能像海豚一样在水里自由遨游，执行各种特殊的水下作业。

为了适应海洋调查目的和纷繁复杂的水下作业环境，科学家们研发出性能多样、结构各异的各类潜水器。由于海底的环境是高压、寒冷、黑暗的，

⬆ Seabob F7 潜水器。

特别是在恶劣的环境中完成复杂艰巨的任务时，人潜到海底危险性很大，无人潜水器便在传统载人潜水器之后也快速发展起来。

虽然无人潜水器效率很高，但有一点——它们都需要系绳来提供动力和保证通信，而且机器人不擅长即兴发挥和诊断问题。比如，当水下油管遇到故障，机器人就束手无策了，所以对于海洋探险来说，

五国深海载人潜水器比拼

美国"阿尔文"号
下潜深度
4500米
下潜次数
4600多次

法国"鹦鹉螺"号
下潜深度
6000米
下潜次数
1500多次

俄罗斯"和平一号""和平二号"
下潜深度
6000米

日本"深海6500"号
下潜深度
6500米
水下作业时间
8小时

中国"蛟龙"号
设计深度能力
7,000米

最有力的资源便是探险者的大脑。为了更好地利用这种资源，就得让人和潜水器一起下潜，前提是保证潜水器舒适、安全且易于驾驶。

2014 年 3 月 14 日，德国工程师推出一款名为"Seabob F7"的水下装置，有了它，潜水者就能像海豚一样在水里自由遨游。

Seabob F7 重 64 千克，在水中的浮力是 8 千克，水上速度可达每小时 22 千米，水下速度每小时 15 千米。Seabob F7 可以潜到 40 米深的水下，能持续运行 1 小时。通过轻击它的 10 个转动装置，可手动控制速度。潜水者借助体重改变 Seabob F7 倾斜度，可操控它的运行方向。

2015 年 3 月，前喷气机驾驶员拉什创办的洋之门公司公布一款全新载人潜水器，名为"独眼巨人"1 号，是到目前为止最人性化的潜水器。

↑ 水下探测器。

↑ 水下遥控机器人。

↑ 水下遥控机器人 ARV。

← 水下遥控机器人。

↑ "深海挑战者"号潜水器在太平洋小环礁尤利提海岸附近。

↓ 当钻头钻透冰层后，可以释放出一个小型机器人。

TIPS

　　"独眼巨人" 1 号潜水器的形状像一滴泪珠，顶端向上凸起，以便在顶端和底部安装更多的监控器。洋之门公司在 2016 年公布的"独眼巨人" 2 号和"独眼巨人" 3 号潜水器，同样用碳纤维制成，分别能下潜到 3000 米和 6000 米深度。

118

探测无底洞：
神秘的海底"大眼睛"

（2016.7.24）

幽深的海底，到处都有形形色色、神秘莫测的洞穴：无底洞、黑洞、蓝洞、地壳空洞等等，都是地球上罕见的自然地理现象。这些人称"南海之眼""地球之窗"或"地狱之门"的海底洞穴世界，不但景观瑰丽，诡异神奇，还存在着许多不解之谜。

众所周知，地球由表及里是由地壳、地幔和地核构成的。科学家却发现，在非洲大陆西部、南美大陆东北部的大西洋，存在一个奇怪的海底洞穴。说它"奇怪"，是因为多达数千平方千米的地壳在这里神秘消失，而本应隐藏在地壳之下的地幔却直接裸露在外。这个"地壳空洞"，仿佛就是一个"地球之窗"。

而位于印度洋北部海域的无底洞，直径约 11 千米。它不受热带季风的影响，几乎呈无洋流的静止状态。1992 年 8 月，澳大利亚"哥

伦布"号在此海域进行科学考察后认为，无底洞可能是尚未被认识的海洋"黑洞"，洞中存在着一个由中心向外辐射的巨大引力场，但这一切都有待进一步验证。

海洋中还有一种地球罕见的自然地理现象，就是大名鼎鼎的蓝洞。从海面上看，海洋蓝洞呈现出与周边水域不同的深蓝色，并在海底形成巨大的深洞，被科学家誉为"地球给人类保留宇宙秘密的最后遗产"。人们不禁好奇，深邃的海洋蓝洞里还有没有更奇特的动物，是否有无氧的微生物群落生存？那里究竟还藏着什么样的秘密？

世界上已探明的海洋蓝洞有巴哈马长岛迪恩斯蓝洞、埃及哈达布蓝洞、洪都拉斯伯利兹大蓝洞、马耳他戈佐蓝洞等，其中中国西沙群岛永乐环礁的海洋蓝洞位于晋卿岛与石屿的礁盘中，大幅刷新了世界海洋蓝洞的新纪录。

西沙蓝洞还有着悠久的传说：一说这里是"龙洞"，洞里有

大型海怪，渔民都会避而远之；二说这里是"南海之眼"，里面有镇海之宝"定海神珠"；三说这里是孙悟空拔去定海神针后留下的洞，深不可测，诡异神秘。

2016 年 7 月 24 日，三沙市人民政府正式将西沙蓝洞命名为"三沙永乐龙洞"。经测量，此洞深达 300.89 米，超过巴哈马长岛迪恩斯蓝洞的 202 米，成为世界上已知最深的海洋蓝洞。从空中俯瞰，整个蓝洞犹如一块蓝绿色的宝石，镶嵌在南海碧波荡漾的海面上。

西沙蓝洞可以给我们提供几万年来南海的气候或海平面变化的详细记录，通过西沙蓝洞这只深邃的"大眼睛"，科学家可以逐渐了解南海的古生态环境变化，解答它的未解之谜。

在世界一些海底洞穴中，不仅有千姿百态的钟乳石、巍峨挺拔的石林，还发现有古象胫骨、古鲨鱼牙齿，以及旧石器时代人类使用的投掷标枪等史前遗物。它们之所以能在大洋深处沉睡几亿年，保存至今，完全得益于海底洞穴过去一直是人类的"禁区"。

如今，神秘、幽深如同神话般的海底洞穴世界深深吸引着探险家们。

红色海水稻：
让荒滩变良田
（2016.10.12）

　　一望无边的空旷滩涂，荒凉的盐碱地，这些曾经贫瘠、荒芜的不毛之地，因为"海水稻"的横空出世和技术发展，正在焕发出新的生命力。让荒滩变良田，以袁隆平院士为代表的中国农业科学家走在了探索用海水灌溉水稻的技术前沿，此举有望彻底改变人类的粮食问题。

　　人类采用海水灌溉已有100多年的历史，中东的以色列、伊拉克、科威特等国，以及北非、中亚地区都大量使用海水（或咸水）进行灌溉，其中使用海水（或咸水）灌溉的作物包括玉米、小麦、棉花、高粱、燕麦等。海水稻后来居上，一跃成为现代海水农业的"明星"。

　　海水稻是一种可以在沿海滩涂或盐碱地上生长的高产水稻，是在海水中生长的水稻，具有很强的耐盐碱性，在盐度10‰的海水灌溉条件下也能正常生长。海水稻的发现者，是广东湛江的育种专家陈日胜。

　　1986 年 11 月的一天，陈日胜跟随老师罗文烈去湛江考察红树林资源，在燕巢村海边最先发现一种可以抵抗海水盐碱性的野生水稻。这是一株比人还高、看似芦苇但结着穗子的水稻，把穗子里的果实剥开，是红色的像米又像麦的颗粒。从此，陈日胜开始了近 30 年的海水稻培育工作，最终选育了"海稻 86"。

　　陈日胜的研究引起了"世界杂交水稻之父"袁隆平的关注。在考察了陈日胜的海水稻之后，袁隆平认为这是一种很特异的水稻种质资源，具有很高的科学研究和利用价值，建议国家加强对海水稻资源的全面保护并开展系统研究。

　　2016 年，海水稻在广东湛江、山东、吉林等地试验种植近 6000 亩，平均亩产超过了 150 千克。就这样，经过 30 年试种，"海稻 86"获得成功，具有良好的抗盐碱、耐淹泡等诸多特性，它在 pH 值 9.3

以下或含盐量6‰以下的海水中都会生长良好。

2016年10月12日，国内首个国家级海水稻研究发展中心"青岛海水稻研究发展中心"在青岛李沧区成立，袁隆平院士担任中心主任和首席科学家。在青岛胶州湾北部设立了30亩海水稻科研育种基地，该片盐碱地经过海水改造后可直接进行海水稻的科学实验。开始用半海水（一半淡水、一半海水）浇灌，几年过渡期后全部实现海水灌溉。

海水稻对人类食物的未来意味着什么呢？现在海水稻中的半野生稻品种产量较低，一般亩产只有50多千克，最好的记录也就75千克左右。目前，以袁隆平院士为首的科研团队正在进行高产攻关，利用杂交的优势提高海水稻的产量。

把昔日滩涂变良田，已经成为袁隆平院士及更多研究海水稻专家的一个重要目标，即不仅要让中国的杂交水稻不断刷新高产纪录，还要探索出高产优质的海水稻新品种，让科技成果真正造福国家、惠及百姓。到时候，我们甚至可以愉快地在中国的南海诸岛上种水稻了。

2016年以来，一些重大新闻或发生在海洋中，或与海洋有关，接二连三地出现，令世界震惊：

2016年7月，在地中海深处建造的巨大中微子观测望远镜，让我们更详细地了解地球上的生命和宇宙的演变，为人类打开一扇破解宇宙之谜的新窗口。2016年12月，一种可以在沿海滩涂或盐碱地上生长的红色海水稻试验推广成功。袁隆平院士预测，如果1亿亩沿海滩涂或盐碱地都能种上海水稻，按亩产300千克计算，就将增收300亿千克，能多养活上亿人。

2017年2月，英国科学家在地球上最深的马里亚纳海沟，发现了极为严重的污染现象，即在甲壳动物端足类动物的脂肪组织中，发现了极高水平的持久性有机污染物（POP），表明人类活动产生的污染已能到达地球的"最偏远角落"。

2017 年 2 月 16 日，多名科学家在澳大利亚东部发现了可能是世界上最小的大陆，面积达 490 万平方千米。虽然该大陆有 94% 的面积在水下，但他们认为应承认此大陆为世界第八洲，并将之命名为西兰蒂亚（Zealandia），大约 1 亿年前从澳大利亚脱离……

由此可见，海洋真是一个既庞大又开放的大生态系统。由于海水的流动性、大洋的连通性，与海洋有关的事件几乎都是全球性的，比如海洋环境污染、洄游性鱼类资源的管理和养护、海洋灾害的预防和减灾、全球气候变暖、海平面上升等，都需要从宏观方面开展研究，加强国际合作。当前，随着重大综合海洋科学研究活动的日益活跃，从厄尔尼诺现象到温室气体循环的认识，从地震灾害预报到未来能源探索，无不与海洋科学的发展密切相关。其中深海海底与极地等极端环境是当代自然科学多种学科正在进入的新领域，它既是生命科学和物理、化学的研究前沿，也是探索地外生命和地球早期演化的切入点。

当然，对于占地球表面积 71% 的海洋以及平均近 4000 米厚的海水覆盖下的海底，目前与之相关的知识还相对匮乏，甚至比不上太空探索。孩子们，一张白纸可以画最新最美的图画，在加快建设海洋强国的 21 世纪，海洋将是你们大显身手的舞台。而《人类阔步走向海洋的 119 个伟大瞬间》，只是引导你们喜欢海洋、认识海洋的一个小小开端……

图书在版编目（CIP）数据

人类阔步走向海洋的 119 个伟大瞬间/路甬祥主编；
王小波，曾江宁，杨义菊编著. —杭州:浙江少年儿童
出版社，2019.6
ISBN 978-7-5597-1309-4

Ⅰ.①人… Ⅱ.①路…②王…③曾…④杨… Ⅲ.
①海洋－少儿读物 Ⅳ.①P7-49

中国版本图书馆 CIP 数据核字（2019）第 042648 号

责任编辑　沈晓莉
封面设计　李大伟
封面插图　李大伟
装帧设计　傅行鸣
责任印制　王　振

人类阔步走向海洋的 119 个伟大瞬间
rénlèi kuòbù zǒuxiàng hǎiyáng de gè wěidà shùnjiān

路甬祥 主编 / 王小波 曾江宁 杨义菊 编著

浙江少年儿童出版社出版发行
（杭州市天目山路 40 号）
浙江新华印刷技术有限公司印刷　　全国各地新华书店经销
开本 710mm×980mm　1/16　印张 23　字数 270000　印数 1—12000
2019 年 6 月第 1 版　　2019 年 6 月第 1 次印刷

ISBN 978-7-5597-1309-4　　　　**定价：40.00 元**
审图号：GS（2018）2425 号
（如有印装质量问题，影响阅读，请与购买书店或承印厂联系调换）
承印厂联系电话：0571-85164359